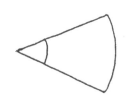

U0383159

Measurement

度量

一首献给数学的情歌

［美］保罗·洛克哈特 著

王凌云 译

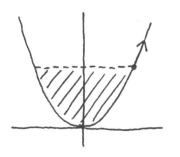

人民邮电出版社

北京

图书在版编目（CIP）数据

度量：一首献给数学的情歌 / （美）洛克哈特著；
王凌云译. -- 北京：人民邮电出版社，2015.7
（图灵新知）
ISBN 978-7-115-39318-0

Ⅰ. ①度… Ⅱ. ①洛… ②王… Ⅲ. ①数学—普及读
物 Ⅳ. ①O1-49

中国版本图书馆CIP数据核字(2015)第100175号

内 容 提 要

　　这是作者一首坦诚的献给数学的情歌。他对数学的热爱在字里行间显露无遗，同时他也不讳言旅途的艰难。本书分为两个部分，分别介绍了对形状和运动的度量。他以平实的语言将几何学和微积分的复杂概念以及两者之间的精妙关联解释得清晰易懂，生动展示了数学家都在做什么，以及他们为什么要这么做。很多读者都评论说，要是当初自己的数学老师这样教的话，想必他们也会爱上数学的。

◆ 著　　　　[美]保罗·洛克哈特
　　译　　　　王凌云
　　责任编辑　楼伟珊
　　责任印制　杨林杰

◆ 人民邮电出版社出版发行　　北京市丰台区成寿寺路 11 号
　　邮编 100164　电子邮件 315@ptpress.com.cn
　　网址 http://www.ptpress.com.cn
　　固安县铭成印刷有限公司印刷

◆ 开本：880×1230　1/32
　　印张：11.75　　　　　　　　2015 年 7 月第 1 版
　　字数：292 千字　　　　　　 2025 年 5 月河北第 32 次印刷

著作权合同登记号　图字：01-2014-4765号

定价：39.00元
读者服务热线：(010)84084456-6009　印装质量热线：(010)81055316
反盗版热线：(010)81055315

版 权 声 明

献给威尔、本和亚罗

目　　录

现实与想象

　　有很多不同的现实同时存在着，当然其中就包括我们自己生活在其中的物理现实。还有那些与物理现实十分相似的想象世界，比如其他的一切都与物理现实完全一样，只是其中的我五年级的时候不再尿裤子的想象世界；又比如在公交车上有一位头发乌黑的漂亮姑娘向我转过身来，然后我们开始聊天并最终坠入爱河的想象世界。请相信我，有很多这样的想象世界，只是它们既不在这儿，也不在那儿。

　　我想谈谈一个不同的地方，我将要称呼它为"数学现实"。在我的脑海里，一直有着这样的一个世界，各种漂亮的形状和模式四处飘动，并做着各种令人好奇、使人惊讶的事情，这些事情让我身心愉悦并陶醉其中。那真是一个神奇的地方，我很爱它！

　　事实是，物理现实是一场灾难。它太复杂了，任何事情都不是表面看上去的那样简单：其中的物体会热胀冷缩，而原子则会飞来飞去。特别是，没有任何东西能够在真正的意义上被度量。我们不知道一株小草真正的高度，在物理现实中，任何度量都必然只能够是粗略的近似。这也并不能够说坏，这只是物理现实的性质。最小的微粒也不是一个点，最细的金属丝也不能说是一条直线。

　　另一方面，数学现实则是想象的。它可以像我想的那样简单精致，同时我能够拥有那些我在现实生活中不可能拥有的美好事物。虽然我的手里永远不可能握着一个真正的圆，但在我的头脑中却可以装一个这样的圆，而且我可以度量它。数学现实是我自己创造的一个美丽仙境，我可以探索它、思考它，也可以和朋友们讨论它。

由于各种各样的原因，人们纷纷对物理现实产生了浓厚的兴趣。天文学家、生物学家、化学家以及其他学科的科学家们都尝试着去探索它的工作原理，并试图向我们描述它。

在这本书中，我想要描述的是数学现实。找出模式，找出隐藏在其背后的工作原理，这就是包括我在内的数学家们努力去做的事情。

关键是，我同时拥有物理现实和数学现实，它们都很漂亮、有趣（当然也不免有些吓人）。物理现实很重要是因为我就生活在其中，数学现实很重要则是因为它已然是我生命的一部分。在生活中，我同时拥有这两个美好的事物；亲爱的读者，你也和我一样。

在本书中，我们将会设计模式，找到形状和运动的模式，然后我们试着去理解这些模式并对它们进行度量。我确信我们将会看见美好的事物。

但是亲爱的读者，我也不想对你们撒谎，这同时也是一项非常艰苦的工作。数学现实就像是一片无垠的丛林，其中充满了无数迷人的奥秘，但它绝不会轻易吐露其中的秘密。让我们做好奋斗的准备吧，无论是智力方面，还是创造力方面。事实上，我不知道还有哪一项人类活动对想象力、洞察力以及创造力有如此高的要求。不过，无论怎样，我都要做这件事，因为我情不自禁要这样做。一旦你走进这片丛林，你就再也不能够真正地离开，它会让你魂牵梦绕、流连忘返。

因此，我诚挚地邀请你踏上这段神奇的旅程！同时，我也很希望你能够热爱这片丛林，并被它的魅力所征服。在这本书中，我会尝试着去描述我对数学的感觉，并向你展示一些最漂亮、最激动人心的发现。请不要期望书中有任何注解、参考文献或者类似的学术性内容。本书属于个人化的写作，我希望我能够用平白易懂同时不乏趣味的方式来传达这些深邃而迷人的思想。

同时，我也期望这一过程是平缓的。我不会把你当作孩子而不让你接受真理的洗礼，也不会因为旅途艰难而向你道歉。领会一种新的思想需要花费几个小时甚至几天，这一点也不奇怪，要知道最开始的时候人们为了领会它甚至花了几个世纪！

我将假定你喜欢美好的事物，并且很想学习它们。在阅读的旅程中，你唯一需要的只有常识和天生的好奇心。因此，请保持轻松。艺术是用来欣赏的，而本书就是一本关于艺术的书。数学并不是一次比赛或者竞赛，而是你在与自己的想象力玩耍。愿你有一段美好的阅读时光！

论数学问题

数学问题是什么？对数学家来说，一个问题就是一次探索，就是对数学现实的一次测试，看看它会有怎样的性质。用我们通常的话来说，就是"用树枝捅一下"，然后看看会发生什么。面对某部分未知的数学现实（它可以是形状的构成，也可以是数字的模式，或者随便别的什么），我们想知道它是怎样运作的以及它为什么这样运作。因此，我们"捅"它一下，不过并不是用手或者树枝，而是要用我们的头脑。

我们来看一个例子，比如说你正拿着三角形在玩，并将它们剪切成新的小三角形，碰巧有了如下图所示的这个发现。

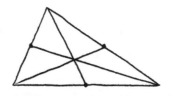

当你一一连接三角形的三个顶点与其对边的中点时，你发现这三条线似乎都相交于一点。于是你又试了很多不同形状的三角形，然而，似乎这三条线还是会相交于一点。现在，你发现了一个秘密。不过让我们认真想一想，这个秘密到底是什么呢？它与你所画的图无关，也与纸上正在发生的事情无关。用铅笔在纸上画出来的三角形是否也会这样相交，是一个关于物理现实的科学问题。比方说，如果你画的时候很粗心，这些直线可能就不会相交于一点。我想你也可以画得特别仔细认真，画完后放在显微镜下，不过即使这样，你也只是对石墨和纸纤维有了更多的了解，而不是对三角形。

这里，真正的秘密是关于三角形的，不过这个三角形实在太完美了，只能够存在于想象的数学现实中。而这里的问题则是，这三条同样完美的直线是否真的会相交于一点。铅笔和显微镜现在都帮不了你的忙。（在这本书中，我会一直强调数学现实与物理现实之间的区别，有可能会到你厌烦的程度。）那么我们要怎样处理这个问题呢？我们真的能够了解这样的想象出来的对象吗？这样的知识又会是什么样的形式呢？

在考察所有这些问题之前，让我们先暂时庆祝一下我们提出了这个问题，并欣赏一番这里所说的数学现实的性质。

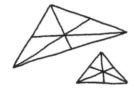

这里，我们遇到的是一个隐藏很深的秘密。很明显，肯定有某种潜在的（目前对我们来说还是未知的）结构间的相互作用使这三条线相交于一点，这使我觉得有些不可思议，同时也有些吓人。三角形会知道哪些我们所不知道的呢？有时，想到所有美丽而深刻的真理就在那儿等着我们去发现、去将它们彼此联系起来，我就会感到不安。

那么，这里这个秘密到底是什么呢？秘密就是事情为什么会这样，三角形为什么愿意做这样一件事情呢？毕竟，如果你随机地扔下三根树枝，通常它们并不会相交于一点，而是会两两相交于三个点，并由此在三角形的中间形成一个小三角形。难道这不正是我们所期望发生的吗？

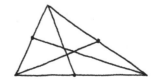

我们寻求的其实是一个解释。当然，之所以解释没有出现，一个可能的原因是这个认识本来就是错误的。也许我们是被自己一厢情愿的想法或者拙劣的图画欺骗了。在物理现实中有很多事情都是似是而非的，因此，很有可能只是我们没有看见这个由这三条线交叉形成的小三角形而已。也许它太小了，隐藏在污点与铅笔痕之间，所以我们看不见。不过话说回来，也有可能这三条线真的相交于一点，这个论断具有数学家希望在规律身上看到的许多特质：自然、优美、简洁以及某种必然性。因此，它很有可能是真的。但问题是，原因是什么呢？

这正是技术派上用场的地方。为了给出解释，我们必须要创造一些东西。也就是说，我们必须要构造出论证，即可以解释为什么这种现象会发生的推理过程，从而满足我们的好奇心。这是一个相当艰巨的任务。首先，画出或者构造出一系列的物理三角形，然后观察是否几乎所有的这些三角形都会这样，这对于我们的目的来说并不足够；这并不是解释，而更像是"大概的验证"。而我们遇到的问题则是更严肃的理论问题。

如果不知道这三条直线为什么会相交于同一点，我们又怎么会知道它们确实会相交于同一点呢？与物理现实相反，在数学现实中，我们并不能够观察到什么。对于纯粹想象的世界，我们怎么能够知道些什么呢？这里的关键是，什么是真的并不那么重要，重要的是为什么它是真的。只有知道了原因，我们才知道什么是真的。

这里我并没有想要低估我们通常的感觉的作用，丝毫没有这个意思。相反，我们迫切地需要那些有助于我们发挥直觉和想象力的东西，包括图画、模型、电影以及其他任何我们可以获得的东西。只是我们必须要知道：最终所有这些东西都不是真正的对话主题，也不能够告诉我们关于数学现实的真相。

因此，实际上我们现在正处于困境之中。我们发现了一个漂亮的事实，不过我们必须要证明它。这正是数学家一直在做的事情，我希望你也能够喜欢。

这样的事情做起来会特别难吗？是的，的确如此。那么有没有什么好的诀窍或者方法可以遵循呢？遗憾的是，没有。这是抽象的艺术，纯粹而简单；既然是艺术，总是需要人们付出努力的。我们都知道，漂亮、有内涵的绘画或者雕塑作品的创作并不存在什么系统的方法；优美、有意义的数学证明的产生也同样如此，并没有什么规律可循。真是很抱歉。而且数学还可以说是其中最困难的，不过这也正是我热爱它的理由之一。

因此，我并不能告诉你要怎么做，也不会手把手地教你或者在书的后面给出一些提示与解答。如果你想在心里画一幅画，那么画布的背面是不会有"画的答案"的。如果你正在解一道题并陷入苦思冥想之中，那么欢迎你加入我们的俱乐部，数学家也同样不知道要怎样求解他们的问题。如果我们知道了，那么这些问题也就不再是问题了。我们总是在未知的边缘上工作，也总是会被困住，直到有一天我们有了突破。我希望你也能够取得不少的突破，这真是一种难以置信的感觉！不过研究数学并没有什么特殊的捷径，我们所能够做的只是勤于思考，并希望在某个时刻灵感能够降临。

当然，我也不会直接把你拖入这片丛林，然后将你一个人留在那儿。不过，你依然需要充分发挥你自己的智慧和好奇心，因为这些就相当于你进入丛林时所携带的水壶和弯刀。或许，我可以向你提供一些一般性的建议，作为你进入这片丛林后的指南针。

第一个建议是，你自己的问题永远是最好的问题。作为勇敢的智力探索者，思想是你的，探险是你的。数学现实也是你的，它就存在于你的头脑中，你可以在任何你想的时候探索它。那么，你都有哪些问题呢？你又想去哪儿探索呢？我想提出一些问题供你思考，不过这些仅仅是我播下的种子，以帮助你培育出自己的数学丛林。不要害怕你回答不了自己的问题，对于数学家来说这是很自然的状态。此外，试着同时思考五到六个问题，紧抱着一个问题苦思冥想而没有丝毫进展，就像是一直在用头撞同一面墙，这是非常令人沮丧的。（如果有五六面可供选择的墙则要好得多！）说实在的，思考一个问题一段时间后休息一会，似乎总是会对我们有所帮助。

还有一个很重要的建议，那就是合作。如果你有一个朋友也愿意研究数学，那么你们可以一起，并相互分享其中的喜悦与挫折，这与共同演奏音乐很像。有时候，我会花六到八个小时与朋友共同研究一个问题，即使我们几乎没有取得任何进展，能够傻傻地待在一起我们还是很高兴。

那就让困难的问题来吧！尽量不要气馁或者太把你的失败放在心上，因为并不只有你在理解数学现实时会遇到困难，我们大家都会这样。同时，也不用担心你没有经验或者觉得你没有"资格"，能够使一个人成为数学家的并不是专门的技术和渊博的知识，而是永不满足的好奇心和对简单美的渴望与追求。做你自己吧，去你想去的地方吧！也不要害怕失败和混乱，要大胆地去尝试，去拥抱数学所有的惊奇和神秘，并快乐地将问题弄得一塌糊涂。是的，你的想法可能并不会起什么作用，你的直觉也可能是错误的。不过这都没有关系，我们依然欢迎你加入数学俱乐部。每天我都会有很多错误的想法，其他的数学家也不例外。

现在，我知道你正在想什么：前面我们对美和艺术以及创造过程的艰辛进行了大量粗略的、浪漫的讨论，这些都很不错，然而，我到底要怎样做呢？我还从来没有进行过任何数学证明，难道你就不能给我更多的提示，好让我能够继续走下去吗？

让我们回到前面所说的三角形和三条直线相交的问题。我们怎样才能够形成论证呢？或许，我们可以从观察对称的三角形开始。

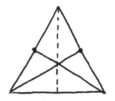

　　这种类型的三角形，通常也称之为**等边三角形**（equilateral，拉丁语"边相等"的意思）。我知道，这样的三角形非常的特殊，不具有典型性。但这里我们的想法是：如果在这种特殊的情况下，我们能够设法解释为什么这三条直线会相交于一点，这或许可以为我们处理更一般的三角形提供一些有用的线索。当然，也有可能这种方法并不能派上什么用场。世事难料，我们只能够这样不断地去尝试、去探索，数学家们则喜欢称之为"搞研究"。

　　无论如何，我们都必须要有一个切入点。在这种特殊的情况下弄清楚某些问题至少要相对容易一些，我们的优势则是这个三角形特别的对称性。千万不要忽视了对称性！在很多情况下，它都是我们所拥有的最强有力的数学工具。（将它放进你的背包里，与水壶和弯刀放在一起。）

　　这里，对称性可以使我们得出这样的结论，即发生在三角形任意一条边上的事情也会发生在另外一条边上。换种方式说就是，如果我们将三角形沿对称轴翻转 180 度，那么三角形看起来还是会和原来完全一样。

　　特别地，三角形左右两条边的中点则会相互交换位置，同时连接它们到相对顶点的两条直线也会相互交换位置。

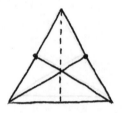

不过这也意味着，这两条直线的交点不会位于对称轴的任何一侧；否则的话，当我们将三角形翻转 180 度时，这个交点就会移动到另外一侧。如果出现这种情况的话，我们就能够说这个三角形翻过来了。

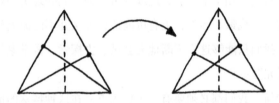

因此，这个交点事实上必然位于这条对称轴上。很明显，第三条直线（连接最上面的顶点与底边中点的直线）就是对称轴本身，所以这就是为什么这三条直线会相交于一点。难道这不是一个很好的解释吗？

这就是数学论证的一个示例，此外它也被称为**证明**。一个证明就是一个故事，问题的要素扮演其中的角色，而故事的情节则完全取决于你。与任何虚构文学作品一样，我们的目标是写出一个叙事引人入胜的故事。就数学来说，这意味着情节不仅要合乎逻辑，同时也要简单优美，没有人会喜欢曲折、复杂的证明。毫无疑问，我们需要遵从理性前进，但同时我们也想被证明的魅力和美征服。一句话，证明既要漂亮，也要符合逻辑，两者缺一不可。

这让我想到了另外一条建议：改进你的证明。虽然你已经给出了解释，但这并不意味着它就是最佳的解释。你能够减少其中不必要的混乱或复杂之处吗？你能够找到一种完全不同但却能让你更加深入地理解问题的证明方法吗？证明，证明，继续证明，对于研究数学的人来说，这就是通常所说的"拳不离手，曲不离口"。画家、雕塑家以及诗人也是这样。

比如说我们刚才的证明，虽然逻辑清晰简单，但却显得有些主观。尽管我们基本上是在用对称性证明，但是我们给出的证明却有让人感觉不对称的地方（至少对我来说是如此）。具体来说，我们的证明似乎偏向其中的一个顶点。虽然说选定一个顶点并以经过这个顶点的直线作为对称轴并没有什么不妥，不过既然我们的三角形是完全对称的三角形，我们似乎不必做出这种主观的选择。

其实，除了**镜像对称**之外，我们也可以利用这个三角形的另外一个性质，即**旋转对称**。也就是说，如果我们将这个三角形绕着一个点旋转三分之一个周角，那么它看起来还和原来一样。这就意味着，这个三角形必然有一个**中心点**。

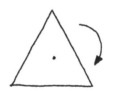

现在，我们沿着三条对称轴中的任意一条翻转这个三角形（并没有偏向任何一个顶点），三角形都不会发生变化，因此它的中心点必然固定不动。这说明，这个中心点位于所有三条对称轴上。所以这就是这三条直线相交于一点的原因。

这里，我并不是想说，与前面的证明相比，这个证明更好或者完全不同。（事实上，还有很多其他的证明方法。）我想说的是，用两种以上的方法求解一个问题，可以使我们对这个问题有更深的理解和领悟。特别地，第二个证明不仅告诉我们这三条直线相交于一点，而且告诉了我们这一点的位置，即三角形的旋转中心。不过我很好奇，这一点到底在哪儿呢？具体地说，等边三角形的中心离顶点会有多远呢？

这本书中，会有很多这样的问题出现。要想成为一个数学家，我们工作的一部分就是要学会提出这样的问题，用探索的拐杖四处寻找那些未被发现的、令人兴奋的真理。本书中，我所想到的问题与疑问都会用楷体来表示。这样，如果你愿意的话，你就可以思考并研究它们，同时希望它们能够帮助你想出你自己的问题。下面是我给你的第一个问题：

等边三角形的中心在哪儿？

现在我们继续回到最开始的问题，可以看到我们几乎没有取得任何进展。对于等边三角形，我们可以解释为什么它的三条中线会相交于一点了，但是我们的证明是如此地依赖对称性，很难看出这样的证明对更一般的情形能够有什么帮助。事实上，我想，我们的第一个证明也适用于两条边相等的三角形。

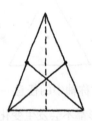

其原因是，这种类型的三角形，即通常所称的**等腰三角形**，也有一条对称轴。这是一个很好的一般化的例子，即使一个问题或者论证能够在更大的范围内有意义。不过对于一般的不对称的三角形，我们的证明显然不能够成立。

这使得我们处于数学家们再熟悉不过的境地，即通常所说的被困住了。我们需要有一种新的想法，最好是不那么依赖对称性的想法。所以下面我们回到绘图板，看看能否获得一些新的灵感。

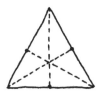

　　我们还能够做些什么别的事情来处理这些角色吗？这里，我们的角色是三角形、它的各条边的中点，以及各边相对的顶点与其中点的连线即中线。

　　我们来看这样一个想法：如果我们连接这三个中点，会怎么样呢？会有什么有趣的事情发生吗？作为数学家，你必须要做这样的事情，即不断地尝试。它们会起作用吗？它们会带来有用的信息吗？通常情况下，答案都是不会。但你不能只是坐在那儿，盯着某个形状或者数字；你需要去尝试，尝试所有可能的事情。随着你做的数学研究越来越多，你的直觉和本能反应会越来越敏锐，你的想法也会越来越成熟。那么我们怎么知道去尝试哪一个想法呢？事实是我们并不知道，只能够依靠猜测。有经验的数学家都对结构很敏感，因此他们的猜测很有可能就是正确的，不过即使是他们也仍然需要猜测。所以，我们不妨也猜测一下。

　　重要的是，千万不要害怕，所以我们可以尽管尝试一些很疯狂的想法，即使错了也没有什么太大的关系。这样一来，我们就能够与前贤为伴了！阿基米德，高斯，你以及我，我们都在摸索着穿越数学现实的道路，都想要理解其中正在发生的事情。因此，我们一直不停地猜测，不停地尝试新的想法，绝大多数时候也在不停地经历失败。当然，偶尔，我们也会成功。（如果你是阿基米德或者高斯的话，你成功的次数或许会更多一些。）解开千古之谜的信念，则是我们一次又一次返回数学丛林并从头开始的动力。

所以，我们可以设想你一直在尝试不同的想法，然后有一天你想到了可以试试连接三角形三条边的中点。

你注意到什么了吗？是的，我们将原始的三角形切分成了四个小的三角形。在三角形对称的情况下，这些小三角形很明显是相同的。那么一般情况下呢？

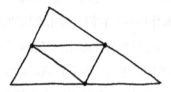

这些小三角形还是相同的吗？事实上，其中的三个看起来似乎就是原始的三角形缩小后的样子（各条边都是原来一半的长度）。这是真的吗？中间的那个小三角形又是什么情况呢？它也与其他的小三角形相同，差别只是它颠倒过来了吗？这里我们到底会有什么意外的发现呢？

我们意外地发现了一丝的真理、模式和美，这就是我们的发现。也许它会导致一些我们完全没有预料到的事情发生，而这些事情也很有可能与我们最开始的问题完全无关。所以，不妨就让它这样吧。我们所讨论的三条中线相交的问题并没有什么神圣的，它与其他任何问题一样。如果你对一个问题的思考把你带到另外一个问题上，那么恭喜你，你干得不错！现在，你有两个需要研究的问题了。我的建议是：保持头脑灵活开放。让你的问题带着你走。要是你在丛林里遇到了一条河，那就沿着河岸继续走。

这四个小三角形都是相同的吗？

现在，我们假设它是正确的。顺便提一句，这完全是一件很好的、值得做的事情。数学家总是会做出各种假设，然后看一看会发生什么（古希腊人甚至有一个专门的词，他们称之为**分析**）。事实上，人类已经发现了成千上万个很明显的数学真理，并且相信它们都是正确的。然而，到目前为止我们还无法给出证明，并把它们称为**猜想**。所谓猜想，就是那些你认为是正确的关于数学现实的表述（通常你也能够举出一些例子支持它，因此猜想是合理的、有根据的猜测）。我希望，在读这本书以及研究数学时，你会发现自己一直在提出各种各样的猜想。或许，你甚至可以证明你的某些猜想，给出证明之后，你就可以称它们为**定理**。

假设我们关于这四个小三角形是相同的猜想是正确的（当然，我们还想要非常好的证明），下面的问题就是，它可以帮助我们解决原来的问题吗？也许可以，也许不可以，你需要具体地看一看你能够从中推导出什么。

实际上，一旦踏上从事数学研究之路，就意味着你在进行有目的的玩耍，你会进行观察并且会有一些发现，然后你会构造一些例子（以及一些反例），再形成猜想，最后还有最难的一步，也就是证明这些猜想。我希望，你能够发现这项工作有趣、迷人、充满挑战，而且十分有益。

因此，我将把三角形的三条中线相交的问题留给能干的你。

这让我想起了我给你的下一条建议：评论你的工作。你不仅需要对自己的论证进行严格的自我批评，同时也要将它交给他人进行严格的批评。所有的艺术家都会这样做，数学家则更加严格。正如前面我所说的，一个完全合格的数学证明，必须要经得起以下两种完全不同类型的批评：

作为理性的论证，它必须合乎逻辑、令人信服；同时还要优美，富于启发性，能够给人情感上的满足。我知道，这样的标准有些苛刻，很难达到。对此，我很遗憾，不过这正是艺术的本质要求。

然而，美学的评论显然是相当个人化的，它们会随着时间和地点的改变而改变。发生在数学上的美学的变化并不比其他人类活动上的要少：一千年前甚至一百年前人们认为是很漂亮的证明，或许在今天看来就既笨拙，也谈不上优美。（例如古典的希腊数学，如果用现代的眼光去看，就会发现其中有很多内容相当糟糕。）

对于这一点，我的建议是，不用为自己达不到某个不切实际的高的审美标准而担忧。如果你对自己的证明满意（大部分人都会为自己来之不易的创造而感到自豪），那就说明它还不错；如果你在某些方面对它并不满意（我们大家都会这样），那就说明你还可以做得更好。随着经验的积累，你的品位也会逐渐地成长提高，或许你会发现你不再满意之前的某些证明。事情本来就应该如此。

我想，这一建议同样也适用于逻辑合理性。随着你做的数学研究越来越多，你也会变得越来越聪明。同时，你的逻辑推理过程也会越来越严谨，你甚至会慢慢培养出数学的"鼻子"；你会学会怀疑，也会意识到有些重要的细节被忽略了。如此种种，我们都乐见其成。

现在，还有这样一些有些令人讨厌的数学家，他们见不得我们任何时候做出错误的论述。不过，我不是他们中的一员，我相信任何伟大艺术的产生过程都会或多或少地存在着混乱与错误。因此，你在数学领域的第一篇文章很有可能充满了逻辑错误。你相信有些事情是正确的，不过实际上它们却不是，这样一来，你的推理就会有缺陷，然而你却急于得出结论。不过，这也没什么，就按照你自己的思路来吧，因为你唯一需要满足的就是你自己。请相信我，你会自己发现推理过程中的很多错误。很有可能，早晨你还自认为是一个天才，到了中午，你就会自嘲是一个蠢材了。这样的事情，我们都曾经历过。

部分原因是，我们太过于关注想法的简单和漂亮，以至于当我们真的产生了一个漂亮的想法时，我们太愿意相信它了。我们是如此地希望它是正确的，以至于我们没有对它进行应有的审查。这就是数学中的"深海的眩晕"，潜水员看见了如此漂亮的景色以至于他们忘记了换气。在数学中，逻辑就是我们的空气，呼吸则需要依靠缜密的推理，所以千万不要忘记了呼吸！

你和有经验的数学家之间的真正区别是，他们见过更多的可以自我欺骗的方法，所以他们会有更多的疑惑，并因此而坚持更高标准的逻辑严密性。同时，他们也喜欢唱唱反调，提出一些质疑。

当我在研究某个猜想时，我也总是会考虑它会不会是错误的。有时我会证明自己的想法；有时我则会反驳自己的想法，即去证明我自己是错误的。偶尔，我还会找出一个反例，它表明我的确被误导了，因此我需要修正或者放弃我的猜想。还有一些时候，我构造反例的意图总是会遇到一些阻碍，这些阻碍后来则成为了我最终证明的关键。关键是要保持开放的头脑，不要让你的期望和愿望干扰你对真理的追求。

当然，与我和我的数学家同行们最终都会坚持最严格的逻辑缜密标准一样，我们也能够凭借经验知道什么时候一个证明的"气味正确"；显然，我们也可以给出必要的细节，如果我们想这样做的话。真实的情况是，数学是一种人类智力活动，既然是人，犯一些错误也是在所难免的。伟大的数学家都曾"证明"过无稽之谈，何况你我这些普通的人。（这是另外一个与他人合作的很好的理由，他们会对证明中你忽略的地方提出异议。）

重要的是，我们需要走入数学现实，去探索发现并享受这样的过程。

不用担心，你对逻辑缜密性的要求会随着你的经验的增长而相应地提高。

所以，继续你的数学探索之旅吧！同时，以你自己的理性与审美要求为准则。它能使你感到高兴吗？如果是的话，那很不错！还有，你想成为一个备受折磨却不言放弃的艺术家吗？如果还是的话，那就更好了！欢迎你进入数学的丛林！

第一部分

大小和形状

下图是一个漂亮的图案。

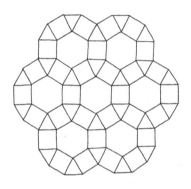

下面我来告诉你，为什么我觉得这样的图案是如此地引人注目。首先，它包含三种我最喜欢的形状。

我之所以喜欢这几种形状，是因为它们简单、对称。像这样的由直线组成的形状被称为**多边形**（polygon，希腊语"多个角"的意思）。而每条边等长、每个角相等的多边形，我们则称之为**正多边形**。因此，实际上我是在说，我喜欢正多边形。

该图案另一个令人心动的原因是，它的各个组成部分是如此严丝合缝地组合在一起。各个瓷砖之间既没有任何缝隙（我愿意将它们想象为马赛克中的瓷砖），也不相互重叠。至少，这个图案看起来是这样的。请记住，我们真正在讨论的是完美的、想象的形状。不能仅仅因为图片看上去很逼真，我们就认为那是真实在发生的情形。图片，无论我们怎样精心地制作，总还是物理现实的一部分；它们是不太可能向我们说明想象的数学对象的本质的。形状有其自身的规律，而不会因我们的意志而转移。

因此，我们怎样才能够确定这些多边形真的能够组合得如此严丝合缝？就这方面而言，我们怎样才能够对这些多边形有一些了解？重点是，我们需要对它们进行度量，并不是使用诸如直尺、量角器之类的笨拙的现实工具，而是使用我们的头脑。我们需要找到一种仅仅使用思辨的论证就能度量这些形状的方法。

不知道你有没有注意到？其实在这样的情况下，我们需要度量的只有角度。为了确定如上文所述的马赛克图案能否组合得严丝合缝，我们需要确保在每一个瓷砖相交的顶点，所有多边形围绕该点的角相加之和刚好等于一个周角。比如，平常的正方形瓷砖之所以能够铺满地面，是因为正方形的每一个角都是周角的四分之一，四个角相加之和刚好形成一个周角。

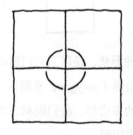

顺便提一下，度量角时我更倾向于使用该角占完整周角的比例，而不是使用角度。对我来说，与武断地将一个圆周分成 360 度相比，这样做更简单、更自然。（当然，如果你喜欢的话，你也可以选择使用角度。）因此，我将采用这样的表述，一个正方形的每个角均为 $\frac{1}{4}$（个周角）。

关于角度，人们最先发现的令人惊奇的事实之一是，对于任何三角形，无论其形状如何，它的三个角之和总是相等的，即半个周角（如果你一定要更通俗的话，那就是 180 度）。

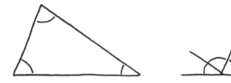

为了获得直观的认识，也许你想要制作一些纸质三角形并撕下它们的角。当你将一个三角形的三个角拼在一起时，它们总是会形成一条直线。多么奇妙的发现！但是，我们如何才能真正地知道这是正确的呢？

一种证明方法是，将三角形看作被夹在两条平行线之间。

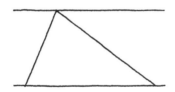

请留意这两条直线怎样和三角形的边形成了 Z 字形。（我猜想也许你会将右边的形状称为反 Z 字，但实际上，这并不重要。）关于 Z 字形，我们知道，它的上下两个角总是相等的。

这是因为 Z 字形是对称的，即如果你将 Z 字形绕着它的中点旋转半个周角，则 Z 字形看起来还和原来一模一样。这意味着 Z 字形上面的角和下面的角必然相等。这样能够说得通吗？这是一个使用对称性来论证的典型示例。在某些特定移动下形状保持不变，该性质让我们可以推断出两个或更多的度量值必然相等。

让我们回过头来再看看三角形"三明治"，可以看到三角形下方的每个角都对应着上方一个相等的角。

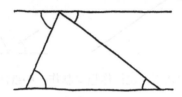

这说明三角形的三个角在上方拼在一起成了一条直线，因此三个角相加之和等于半个周角。多么令人愉悦的数学推理呀！

这就是数学研究的含义。做出一个发现（无论通过什么方式，包括摆弄诸如纸、细绳和橡皮筋之类的物理模型），然后尽可能用最简单、最优美的方法来解释它。这就是数学研究的艺术，也是数学研究为何如此有挑战性和有趣的原因。

这个发现的一个推论是，如果一个三角形是等边的（即正三角形），则它的三个角相等，且每个角必然等于 $\frac{1}{6}$。理解这个推论的另一种方法是，设想沿着三角形的三条边行驶。

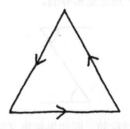

在转了三个相同的弯后我们又回到了起点。由于结束时我们转了一个完整的周角，因此每次转弯必然恰好等于 $\frac{1}{3}$。不过需要注意的是，实际上每次转弯的角度是三角形的外角。

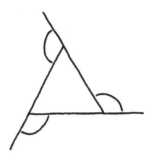

由于三角形的内角和外角加在一起形成了半个周角，所以内角必然等于

$$\frac{1}{2} - \frac{1}{3} = \frac{1}{6}.$$

特别地，六个这样的等边三角形刚好铺满一个周角。

瞧，这刚好构成了一个正六边形！作为一个意外收获，我们得出正六边形的每个角必然是正三角形每个角的两倍，也就是 $\frac{1}{3}$。这表明三个正六边形恰好能够铺满一个周角。

因此，通过推理获取关于这些形状的知识终究还是可能的。特别地，现在我们理解了本节最开始的马赛克图案能够严丝合缝地铺满一个周角的原因。

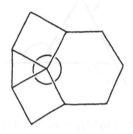

在该马赛克图案的每一个交点，我们有一个正六边形、两个正方形和一个正三角形。将围绕交点的四个角相加有下式成立：

$$\frac{1}{3}+\frac{1}{4}+\frac{1}{4}+\frac{1}{6}=1.$$

因此该图案恰好能够铺满一个周角！

（顺便说一句，要是你不习惯使用分数来进行数学运算，你总是可以通过改变计量单位来避免使用分数。例如，要是你喜欢，我们可以将度量角度的单位定为周角的十二分之一，这样正六边形的角就会是简单的整数 4，正方形的角会是 3，而正三角形的角则是 2。于是，四个角相加，其和为 $4+3+3+2=12$，也就是一个周角。）

这个马赛克图案是如此对称，这让我格外喜欢。在每一个交点的周围都围绕着完全相同的形状序列：正六边形、正方形、正三角形和正方形。这表明一旦确认这四个角在一个交点周围恰好严丝合缝地形成一个周角，我们就可以不假思索地得出它们在所有的交点均能够严丝合缝地覆盖。注意到该马赛克图案可以无限重复，因此它可以覆盖整个平面。这使得我进一步想知道，在数学现实中，是否还存在其他漂亮的马赛克图案?

用正多边形来设计对称的马赛克图案，都有哪些不同的方案，
使得平面恰好被正多边形覆盖？

很自然地，我们需要知道不同的正多边形每个内角的度数。现在，你能够想出怎样来计算它们吗？

正 n 边形的每个内角的度数是多少？

你能够算出正 n 角星的每个角的度数吗？

从正多边形的一个顶点向其余不相邻的点画对角线，所形成的
各个角是否总是相等？

虽然我们正在讨论由正多边形组成的漂亮图案，不过现在我还是想要向你介绍一下另外一个我最喜爱的形状。

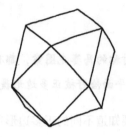

这一次我们见到的是正方形和正三角形，不同的是，不再平放在平面上，而是组成了一种类似球的形状。我们将这类物体称为**多面体**（polyhedron，希腊语"许多面"的意思）。千百年来，人们一直在摆弄和研究它们。一种思考多面体的方法是，设想将该多面体展开并将它平铺在平面上。例如，展开上述形状的多面体的一个顶点，我们会得到如下的形状：

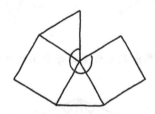

在这里，围绕着一个顶点有两个正方形和两个正三角形，但它们之间有一个缺口，因此能够折叠成一个球。所以，对于多面体，围绕一个顶点的所有的角相加之和必须小于一个周角。

如果所有的角相加之和大于一个周角，又会有什么情况发生？

多面体与平面马赛克的另一个不同之处是，多面体只包含数量有限的瓷砖。虽然多面体也可以不断重复（在某种意义上），但是它不会无限地延伸满整个空间。自然，我对这样的多面体也很好奇。

所有的对称多面体有哪些？

换句话说，用正多边形组成多面体，使得组成后的多面体上围绕每个顶点都有相同的图案的不同方法有哪些？阿基米德想到了所有的可能，你能够做到吗？

显然，最对称的多面体是那些所有的面都相同的多面体，比如立方体。这些最对称的多面体被称为**正多面体**。早在古代，人们就已发现只有五种正多面体（也就是所谓的柏拉图多面体）。你能够找出所有五种正多面体吗？

正多面体有哪五种？

2

什么是度量？在度量某个物体的时候，我们到底是在做什么？我想它是这样的，其实我们正在进行比较，比较我们正在度量的物体和用来度量的物体。换句话说，度量是相对的。我们所做的任何度量，无论是真实的还是假想的，都必然取决于我们所选定的计量单位。在日常生活中，我们每天都需要与这些选定的单位打交道——一勺糖、一吨煤、一客薯条等，不一而足。

现在的问题是,对于虚拟的数学现实,我们需要什么样的计量单位？比如，我们准备怎样去度量下面两根树枝的长度？

为了论证的方便，让我们假定第一根树枝的长度刚好是第二根树枝长度的两倍。它们的具体长度是几英寸或几厘米，这真的很重要吗？我当然不想让我那美丽的数学现实从属于诸如此类的世俗和武断的事物。

对我而言，比例（本例中为 2:1）才是最重要的。也就是说，我将会使用树枝之间的相对比例来度量它们的长度。

一种考虑它的方法是，我们直接不使用任何计量单位，而只使用比例。由于度量长度时没有哪个单位是自然的选择，因此我们没有单位。所以每根树枝刚好和自己的长度相等，但第一根是第二根长度的两倍。

另一种思考方法是，既然单位并不重要，我们将选择任何使用方便的单位。例如，我可以将第二根树枝选择作为单位或标尺，这样就可以很好地测出长度：第一根树枝的长度为 2，而第二根树枝的长度则为 1。我也可以很容易地声称它们的长度分别是 4 和 2，6 和 3，以及 1 和 $\frac{1}{2}$。这并不重要。当制作形状、图案并进行度量时，我们可以选择任何我们想要的计量单位，不过需要记住一点，其实我们真正在度量的只是一个**比例**。

我想正方形的周长的度量可以作为一个简单的示例。如果我们选定正方形的边长作为计量单位（有什么理由不这样做呢？），那么很明显它的周长是 4。对所有正方形而言，4 的真正意义是，周长正好是边长的四倍。

计量单位的职责和比例的概念相关。如果我们拿起某个形状并将它按某个倍数放大，比如两倍，然后在这个放大后的形状上我们所进行的所有长度的度量，其结果都将会和拿着一半大小的尺子去度量原来形状的结果一样。

我们将放大（或缩小）的过程称为**等比例缩放**。所以第二个形状是将第一个形状按两倍的比例放大后得到的。或者，如果我们喜欢的话，也可以说第一个形状是第二个形状按一半的比例缩小后得到的。

两个由比例关联起来的形状，我们称之为**相似**。这里我其实想说，如果两个形状相似，且两者以一定缩放比例相关，那么两者所有对应边的长度都会以同样的比例相关。人们一般称这样的形状"成比例"。请注意按比例缩放不会对角度造成任何影响，形状仍旧相同，改变的只是大小。

如果两个三角形的各个角都相等，那么它们必然相似吗？

如果是四边形，情况又会怎样？

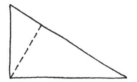

请证明，若将一个直角三角形切分成两个小直角三角形，则这

两个小直角三角形必然和原来的直角三角形相似。

不使用武断的单位、总是选择度量相对比例的好处是，这样做可以使得我们所有的问题与大小无关。对我而言，这是最简洁、最美观的方法。人们将形状装在各自的大脑中，在这样的情形下，我真的没有看出还有任何其他选择的余地。难道在你头脑中的圆要比我头脑中的圆大或者小？这个问题有任何意义吗？

在可以开始着手度量某个事物之前，我们首先需要弄清楚我们正在讨论的到底是什么东西。

设想我有一个正方形。

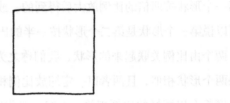

我马上想到，关于正方形，我知道它的一些性质，比如正方形的四条边都相等。诸如此类的信息，事实是，它既不是一个真正的发现，也不需要做任何解释或者证明。它只是我所说的"正方形"这个词所包含的一部分含义。当你建立或者定义一个数学对象时，该对象总是承载着它自己的构造蓝图——那些使它得以标识自己并区别于其他对象的最重要的特征。通常，数学家所提的问题具有如下的形式：如果我要求这样这样做，我还能得出什么别的结论吗？比如，如果我要求一个四边形的四条边相等，那么它必然是一个正方形吗？很明显，答案是否定的。

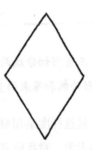

这样的四边形也有可能是各边相等的钻石形状，一般称之为**菱形**（rhombus，希腊语"旋转陀螺"的意思）。换句话说，四条边相等的性质包含了更多的意义空间。因此，你总要留心的一件事是，你是否已经给某一数学对象添加了足够多的性质约束，好让你可以从中获得所有的信息。我们不能够精确地度量任意菱形的角的度数，是因为这样的表述允许菱形的边随意移动，从而改变角的大小。我们需要清楚地知道，对于这些对象，我们详细地说明到哪种程度，从而才能够提出恰当的、有意义的问题。

菱形的两组对边始终平行吗？它的两条对角线是否相互垂直？

假设我们要求菱形的四个角都是直角。这必然使得该菱形变成正方形，因为这正是正方形的定义！那么，现在菱形的边还有移动的余地吗？事实上，的确还剩下另外一个维度上的自由，那就是菱形可以改变它的大小。（当然，这是相对于我们正在考虑的其他对象而言。如果我们只有菱形，那么大小将没有意义。）

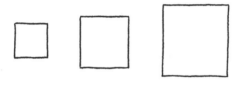

好了，让我们假定选择了某一特定长度，并设想有一以此长度为边长的正方形。现在该形状变唯一了吗？是的，答案是肯定的。而且这可以导出一个重要的推论。这说明我们对它所提出的任何进一步的要求都可能无法被满足。例如，如果我们想要正方形的对角线等于边长，那就自认倒霉吧。我们不会得到这样的正方形。一旦我们给了一个形状（或任何数学结构）充分的约束，"数学本质的力量"就会控制它的所有行为。当然，我们可以尝试着去找出什么是正确的，但在整个事情上我们已经没有了发言权。

在某种意义上，关于数学现实的真正问题是：有多少是我们可以控制的？又有多少是我们可以要求的？在它如我们手中的玻璃雕塑粉碎之前，我们可以同时提出多少要求？数学现实又有怎样的韧性？又会怎样宽容和顺从？我们可以将它推向哪里？又是在哪里我们不得不无功而返？

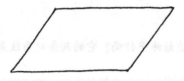

两组对边平行的四边形被称为平行四边形（如一个倾斜的盒子）。平行四边形的两组对角必然相等吗？

请证明对角线相等的平行四边形必然是一个矩形。

3

两个同样形状（即相似）的物体很容易比较，大的物体大一些，小的物体小一些。当我们比较不同形状的物体时，事情变得有趣起来。比如，下图中哪个形状更大？这里的更大实际上又是什么意思呢？

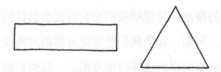

一种思路是比较这两个形状所占空间的大小。这样的度量，我们通常称之为**面积**。和任何度量一样，并没有绝对的面积，有的只是相对的面积。度量单位的选择可以是任意的。比如，我们可以任意选择一个形状，并称它所占的空间大小为"一单位的面积"，然后根据它便可以度量所有其他的面积。

此外，一旦我们对单位长度做出了选择，单位面积也就有了一个自然的（也是惯常的）选择，那就是以单位长度为边长的正方形所占的空间大小。

因此，面积的度量通常归结为这样一个问题：与单位正方形相比，所求的形状占据了多少空间？

沿着三角形的一个顶点到对边中点的连线即中线，将三角形分成两半，请问该中线是否平分三角形的面积？

有些面积度量起来相当地容易。例如，假定有一个长为 5 宽为 3 的矩形。

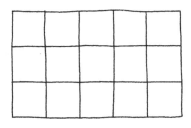

显而易见，我们可以将该矩形切分成十五个相同的小块，其中的每一小块都是一个单位正方形。因此，该矩形的面积是 15。也就是说，该矩形所占据的空间大小刚好是单位正方形的 15 倍。一般来说，如果矩形的边长刚好是整数，比如说 m 和 n，则其面积为边长的乘积，即 mn。我们只需要数一下单位正方形的个数，共 m 行，且每行有 n 个单位正方形。

但是，如果边长不是刚好为整数，又该怎么办？如果不能将矩形恰好切分成单位正方形，我们又该如何度量它的面积？

下图是两个高度相等的矩形。

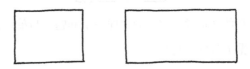

我更愿意认为第二个矩形是通过将第一个拉长得到的。它们的面积比等于它们的长度比，这一点是否很明显？在某一个方向上的拉伸，我们称之为**拉伸变换**。这里我们表达的是，如果一个矩形以某一特定的系数拉伸，则其面积等于原来的面积乘以该拉伸系数。

特别地，我们可以认为，边长分别为 a 和 b 的矩形，是通过单位正方形的两次拉伸变换得到的，在一个方向上的拉伸系数为 a，在另一个方向上的拉伸系数为 b。这说明单位正方形的面积会先乘以 a，然后再乘以 b，即乘以 ab。因此，一个矩形的面积刚好是其边长的乘积，而边长是否刚好为整数则并不重要。

那么三角形的面积呢？我最喜欢这样来考虑它，那就是设想有一个矩形的盒子将三角形围在其中。结果表明，三角形的面积总是包含它的矩形面积的一半。你看出了其中的原因吗？

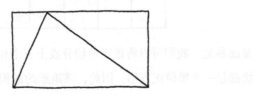

为什么三角形的面积刚好是包含它的矩形的一半？

当我们水平地移动三角形的上顶点时，其面积会发生什么变化？

如果上顶点越过矩形的边，即在边的延长线上，情况又会怎样？

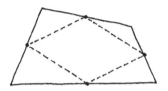

请证明，如果连接任意一个四边形四条边的中点，则所形成的
必然是一个平行四边形，并求它的面积。

是否可以将任意一个多边形切分成小块，且这些小块重新组合
可变成一个正方形？

当涉及等比例缩放时，面积变化的方式是一个令人关注的特征。我
们可以将等比例缩放看成是按某一系数进行两次拉伸变换后所得到的结
果。假定有一正方形，如果我们对它按系数 r 进行放大，则它的面积会
扩大 r^2 倍。例如，如果按系数 2 对一个正方形进行放大，则它的周长会
加倍，而它的面积则会变成原来的四倍。

事实上，这个结论对任何形状都是适用的。无论所处理的形状是什
么样的形状，等比例缩放会使面积扩大为缩放系数的平方倍。理解这一
结论的一个好方法是，设想有一个和你的形状面积相等的正方形。

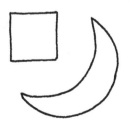

按系数 r 进行等比例缩放后，它们的面积仍然相等——无论我是否改变度量的直尺，两个形状依然占据同样大小的空间。由于正方形的面积变成了原来的 r^2 倍，因此，另一形状的面积也必然如此。

同样也存在三维大小的问题，这通常被称为**体积**。自然地，我们将边长为单位长度的立方体作为体积度量的单位。然后我们遇到的第一个问题就是，如何度量一个简单的三维盒子的体积？

一个盒子的体积怎样取决于它的各边的长度？
等比例缩放对体积又会产生什么样的影响？

对大小和形状的研究，我们称之为**几何学**。在几何学的历史上，一个最古老、最有影响力的问题是，正方形对角线的长度是多少？

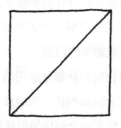

很明显，其实我们真正提出的问题是，对角线和边长的比例是多少？为讨论方便起见，我们假定正方形的边长为 1，并用 d 来表示对角线的长度。让我们来看看下面这个图案。

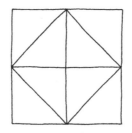

四个单位正方形组合在一起形成了一个 2×2 的正方形。请注意，它们的四条对角线也组成了一个正方形，且其边长为 d。我们可以将它看成是单位正方形以 d 为系数进行放大后的结果。特别地，它的对角线长度必然是单位正方形对角线的 d 倍，亦即其长度必然是 d^2。另一方面，通过观察该图，我们能够得出该对角线的长度为 2。这说明，无论 d 是多少，d^2 总是等于 2。此外，注意到 $d \times d$ 的正方形正好是其外面大正方形面积的一半，而大正方形的面积为 4，这从另一个角度说明 $d^2 = 2$。

那么，d 是多少呢？一个比较接近的猜测是，d 的值为 $1\frac{1}{2}$。但这是错误的，因为 $\frac{3}{2} \times \frac{3}{2} = \frac{9}{4}$，要比 2 大。这表明 d 实际上要小一些。我们还可以试验其他数值，$\frac{7}{5}$ 太小了，$\frac{10}{7}$ 又太大，$\frac{17}{12}$ 很接近了，但还不是完全正确。

接下来，我们该怎么办呢？难道要一直不停地试验，直到时间的尽头？其实，我们所寻找的是一个能够满足下式的比值 $\frac{a}{b}$，

$$\frac{a}{b} \times \frac{a}{b} = 2.$$

当且仅当分子 a 的平方刚好是分母 b 的平方的两倍时，该式成立。换句话说，我们需要找到这样两个整数 a、b，它们满足等式

$$a^2 = 2b^2.$$

由于我们感兴趣的只是比值 $\frac{a}{b}$，因此无须考虑 a 和 b 都是偶数的情况（当 a 和 b 都是偶数时，我们可以反复约去公因子 2，直到至少其中一个

变成奇数）。同时我们也能排除 a 是奇数的可能：若假定 a 是奇数，则 a^2 必然也是奇数，而奇数是不可能等于 b^2 的 2 倍的。

为什么两个奇数的乘积始终是奇数？

因此，对于比值 $\frac{a}{b}$，我们只需考虑 a 是偶数，而 b 是奇数的情况。在这种情况下，a^2 不仅是偶数，而且还是一个偶数的两倍（即可以被 4 整除）。你能明白为什么吗？

为什么两个偶数的乘积总是能够被 4 整除？

由于 b 是奇数，b^2 必然也是奇数，因此 $2b^2$ 是一个奇数的两倍。但等式要求 a^2 和 $2b^2$ 相等，难道一个偶数的两倍可以等于一个奇数的两倍吗？当然不可能！

但这又说明什么呢？这很明确地表明，并不存在这样的整数 a 和 b，使它们满足等式 $a^2 = 2b^2$。换句话说，即不存在平方为 2 的分数。这说明，对角线和边长的比 d 是不能够用任何分数来表示的——无论我们将单位长度切分成多少份，对角线的长度也不可能刚好是其中一份的整数倍。

这一发现使人们感到不安。通常，在思考度量某个物体时，我们一般认为它只需要有限次地使用直尺（其中也包括可能需要将它切分成更短的等长的小块）。然而，这并不是数学现实中的情形。相反，我们发现存在不可公度（incommensurable）的几何量（比如正方形的对角线和边长）——也就是说，不能够同时将它们表示成某一共同单位的整数倍。这促使我们放弃这样天真的想法，即所有的长度都可以表示为整数的比值。

我们所发现的数值 d，被称作 2 的平方根，写作 $\sqrt{2}$。当然，这实际上只是一个方便的符号，用来表示"其平方为 2 的数值"。换句话说，对于 $\sqrt{2}$，我们只知道它的平方为 2。我们并不能说出这个值到底是多少（至少是不能够表示为整数的比），虽然我们可以粗略地估算它。例如，$\sqrt{2} \approx 1.4142$。无论怎样，这都不是重点。我们需要理解的是它的本质。

看起来，本质似乎是我们事实上并不能够度量正方形的对角线。然而，这并不是说对角线不存在或者它没有长度。这个数就在那里，只是不能够用我们希望的方式来讨论它。问题并不是出在对角线上，而是出在我们所使用的语言上。

也许，这就是我们为数学的美所付出的代价。我们创造了这个虚拟世界（只有在这里，度量才是真正可能的），现在我们必须去面对它所带来的问题。不能够用分数表示的数，我们称之为**无理数**（irrational，"不是一个比例"的意思）。它们很自然地出现在几何学中，我们必须学会去适应它。正方形的对角线刚好是其边长的 $\sqrt{2}$ 倍，这就是我们所知道的关于它的全部。

$\sqrt{3}$ 是无理数吗？那么 $\sqrt{2} + \sqrt{3}$ 呢？

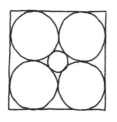

大圆的直径刚好是正方形边长的一半，那么小圆的直径呢？

这些圆的直径各是多少？

5

矩形的对角线，又是什么样的情况呢？

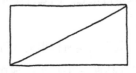

显然，它的长度取决于矩形的两条边长，但会以怎样的方式呢？虽然早在四千多年前，人们就已经发现了对角线和边长之间的关系，但时至今日，它依然令人惊奇。

请注意，对角线怎样将矩形切分成了两个相同的三角形。我们从中任取一个三角形，并在它的三条边上分别放置一个正方形。

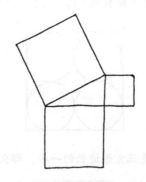

然后，我们会惊奇地发现，大正方形所占据的面积刚好是两个小正方形的面积之和。无论矩形是什么样的形状，以对角线为边长的正方形面积总是等于分别以两条边为边长的两个正方形的面积之和。

然而，到底是为什么，这个发现就是正确的呢？下面就是一个使用马赛克图案的漂亮论证。

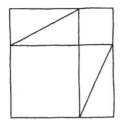 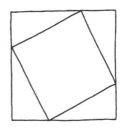

左边的图案通过两个小正方形和四个由矩形切分出的三角形，组成了一个更大的正方形；而右边的更大的正方形，则由大正方形（以矩形的对角线为边长的正方形）和四个同样的三角形组成。这里的重点是，两个更大的正方形是完全相同的；它们的边长都等于矩形的两条边长之和。特别地，这说明这两个马赛克图案的总面积相等。现在，假如我们从这两个图案中分别移除四个三角形，则剩下的面积必然相等。因此，两个小正方形的面积之和刚好和大正方形的面积相等。

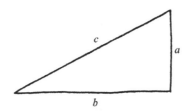

前面提到的矩形，令其边长分别为 a 和 b ，对角线为 c ，则以 a 为边长的正方形面积加上以 b 为边长的正方形面积，等于以 c 为边长的正方形面积，即

$$a^2 + b^2 = c^2.$$

这就是著名的**毕达哥拉斯定理**，它将矩形的对角线和边长联系了起来。它以古希腊哲学家毕达哥拉斯（生活于公元前 500 年左右）的名字命名，虽然该定理的发现要早得多，可以追溯到古巴比伦和古埃及文明。

举个例子，如果有一个 1×2 的矩形，则其对角线的长度为 $\sqrt{5}$ 。和前面的情况一样，$\sqrt{5}$ 也是一个无理数。一般而言，两条边都是整数的矩形，其对角线通常都是无理数。这是因为毕达哥拉斯定理涉及的是对角线的平方，而非对角线本身。另一方面，3×4 的矩形，其对角线的长度则为 5，这是因为 $3^2 + 4^2 = 5^2$。你能够找出其他这样的矩形吗？

都有哪些这样的矩形，其边长和对角线均是整数？

如果形状是三维的，情况又会怎样？现在，我们问的是长方体，而非长方形。

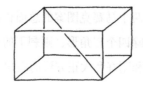

长方体对角线的长度是怎样取决于它的三条边？
请证明等边三角形的高度是其边长的 $\frac{1}{2}\sqrt{3}$ 倍。

我想，我们真正地去度量一些物体的时机到了。但在此之前，我想提出一个严肃的问题。我们为什么要这样做？我们构造出这些虚拟的形状，然后又试着去度量它们，这样做的意义是什么？

首先可以肯定的是，我们这样做并不是为了任何实用的目的。事实上，相对于真实形状而言，这些虚拟的形状更加难以度量。对矩形对角线长度的度量，我们需要的是洞察力和创造力；而度量一张纸的对角线则要简单得多——我们只需要拿起一把直尺。当我们这样做时，既不会有真理，也不会有惊喜，更不会出现任何的哲学问题。不，我们不希望这样。接下来我们要处理的问题，在任何方面都不会和现实世界有丝毫的联系。首先，我们之所以选择度量这些图案，是因为它们漂亮、奇妙，而不是出于实用原因。人们之所以研究数学，并不是因为它有用，而是因为它有趣。

但是，一个接一个地度量为什么又这样的有趣呢？谁又会关心某一条对角线的长度刚好是多少？又或者某一虚拟的形状占据了多少面积？这些数字只不过是一些数字，难道它们真的很重要吗？

实际上，我并不这样认为。一个度量问题的重点，并不在度量结果的本身，而在我们怎样得出一个度量结果。正方形对角线问题的答案并不是数值 $\sqrt{2}$，而是我们所给出的马赛克图案。（至少，这是一个可能的答案！）

一个数字并不能算是对一个数学问题的解答，只有论证、证明才是。我们正试着去创作一些纯粹理性的小诗。当然，和其他任何形式的诗歌一样，我们也希望自己创作的诗篇是优美的、隽永的。数学是阐释的艺术，因此，它既是困难重重、令人沮丧的，但同时也让人深深陶醉、流连忘返。

同时，数学也是一种很好的哲学训练。我们能够在头脑中创造完美的虚拟对象，这些对象也都有着完美的虚拟尺寸。但是我们能够理解它们吗？真理一直就在那里，而我们能够踏上通向真理的路途吗？这其实是一个关于人类智力的极限的问题。我们都能够知道哪些？对每一个数学问题而言，这才是真正的关键所在。

因此，去做这些度量的重点其实是看我们能否进行度量。我们去做这些度量，因为它是一个挑战，是一次历险；也因为它很有趣；还因为我们都满怀好奇，都渴望理解数学现实、理解构思出这个世界的头脑。

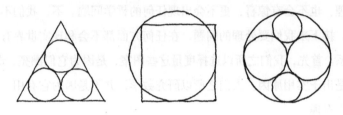

有些几何问题一目了然，无须作更多说明。

让我们从试着度量正多边形开始吧。最简单的正多边形就是等边三角形。

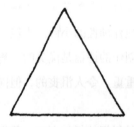

由于不存在对角线，因此等边三角形最令人关注的是其面积的度量。但面积要和什么来比较呢？既然所有的度量都是相对的，那么如果没有提供用于比较的其他东西就直接询问某一物体占据了多少空间，这样做是没有什么意义的。我想，这里最自然的选择应该是其边长和等边三角形相等的正方形。我最喜欢这样来考虑，即设想有一个正方形的包装盒，其中包着一个三角形。

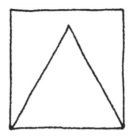

接下来的问题就是,这个三角形占据了正方形盒子面积的多少?（请注意,用这样的处理方法可以使该问题与任何选定的单位无关。）肯定存在一个这样的数,它的值是由三角形和正方形的性质所决定的,并不受我们的控制。它到底是多少呢? 更重要的是,我们怎样才能计算出它的值是多少?

等边三角形的面积是多少?

结果表明,相对于其他正多边形而言,有一些正多边形的面积更容易度量。主要取决于边数的多少,要得出这些面积或者比较困难或者相对容易。比如,正六边形和正八边形的面积相对而言比较容易度量,而正七边形的面积度量起来则是相当的困难。

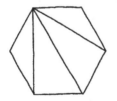 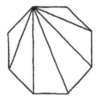

你能够计算出正六边形和正八边形的各条对角线的长度及面积吗?

正十二边形也许是另一个你会享受其度量过程的正多边形。

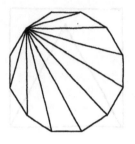

你能够计算出正十二边形的各条对角线的长度及面积吗？

对正五边形的度量可以说是几何学中最漂亮（同时也最具挑战性）的问题之一。

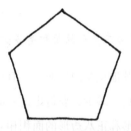

下面，我将向你展示一个极具独创性的度量其对角线的漂亮方法。和之前的做法一样，我们选取正五边形的边长作为单位长度，并用 d 来表示其对角线的长度。我们的思路是将正五边形切分成如下的三角形：

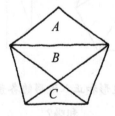

从该图中，我们可以看出三角形 A 和 B 看起来是一样的。实际果真如此吗？同时，三角形 C 也和其他两个三角形的形状相同，只是大小稍小一些。事实也是这样吗? 实际上, 我们是在问这三个三角形是否相似。结果表明, 它们的确相似。问题就来了, 为什么它们相似呢?

为什么这三个三角形相似? 为什么其中两个大的三角形全等?

让我们从度量这些三角形的边长开始吧。三角形 A 有两条长度为 1 的短边, 一条长度为 d 的长边。而三角形 B 的三条边和三角形 A 的相同。因此, 这两个三角形可以用下图表示。

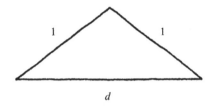

另一方面, 三角形 C 有一条长度为 1 的长边。那么其他两条短边呢? 这里头脑聪明就有了用武之地: C 的一条短边和 B 的一条短边加起来刚好组成一条对角线。这说明三角形 C 的短边长度必然是 $d-1$。所以, 三角形 C 的图示如下。

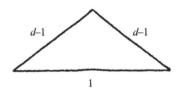

好了, 关键的一点是, 这两个三角形是相似的。这说明, 大的三角形是由小的三角形按一定的倍数放大得到的。通过比较这两个三角形的长边, 我们可以得出, 放大倍数必然就是 d 本身。特别地, 如果我们将小三角形的短边也放大同样的倍数, 那么它必然会变成大三角形的短边。

这说明数值 d 必然满足下面的关系：

$$d(d-1)=1.$$

这就是我们所求的数值，正五边形对角线的长度。我们想知道正五边形的对角线与其边长的比，现在我们总算如愿了。它是这样一个数值，和比自己小 1 的数相乘时乘积为 1。

但是，这个值到底是多少呢？我们又遇到了与之前的正方形的对角线十分类似的情况。我们得到的这个值用一种特殊的方式来表现自己（之前的情况是 $d^2=2$），而我们很自然地想知道这个值到底是多少。前面处理正方形的对角线时，我们发现的是语言的表达能力问题。2 的平方根的无理性表明，仅仅包含整数算术（如分数）的语言是不足以胜任我们的表达需要的。这就促使我们从根本上改变了我们思考度量的方式。然而，正五边形的对角线将会带来更多的问题吗？

在前面的章节中，我们不得不扩展了我们所使用的语言，使它在包含加法、减法、乘法和除法的基础上，同时也吸纳了平方根。在这样做之后，我们便拥有了一种足够强大的语言，它不仅可以表示正方形的度量，甚至也可以表示矩形。那么，它是否可以用来表示正五边形呢？我们还需要更进一步地扩展该语言吗？

现在的问题已经不是 d 是多少（我们知道它是多少，它的值满足这样的条件，$d(d-1)=1$），而是我们是否可以用平方根来表示这个数值。请注意，现在我们研究的已经不再是几何。问题已经从涉及形状和大小转变为涉及我们所使用的语言和表示方法。那么，我们的语言是否已经足够强大，允许我们求解关系等式 $d(d-1)=1$ 从而得出 d 的取值呢？结果表明，我们可以这样做。

中间的较小的正五边形，其面积是多少？

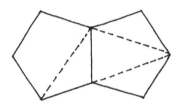

根据图中两个正五边形的结构，请给出其对角线满足关系等式
$d^2 = d + 1$ 的另一种证明。

数值关系的构造和求解，我们称之为**代数学**。数学的这一分支有着一段悠久、引人入胜的历史，可以上溯到古巴比伦人。事实上，下面我想向你展示的技术已经拥有了超过四千年的历史。

诸如 $d(d-1)$ 这样的式子之所以难以求解，是因为它并不是一个平方数（如果是的话，我们可以开平方），而是两个不同数值的乘积。古巴比伦人发现，任意两个数的乘积总是可以表示为两个平方数之差，这样我们就可以使用平方数对我们要求解的关系表达式进行重新表述，从而可以应用平方根去求解。

　　对于两个数的乘积，一种我喜欢的方式是，将这两个数设想为矩形的两条边长，因此它们的乘积就是矩形的面积。然后我们就可以运用这样的思路，将矩形上面的一部分面积截取出来并将其移动到矩形的侧面，从而使矩形的两条边相等。

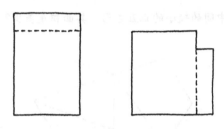

　　这样操作之后，就形成了右上角有一个小的方形缺口的正方形，换句话说，也就是形成了两个平方数的差。当我们这样操作时，矩形长边被拿走的长度正好等于矩形短边所增加的长度。这说明，最终所形成的正方形，其边长将会等于原来的矩形两条边的长度的平均值。

　　至于正方形右上角的小的方形缺口，它的边长则刚好是矩形两条边中任意一条的长度与它们的平均值之差，我们称该值为离差（spread）。所以我们想表达的意思就可以这样表述，两个数的乘积等于它们平均值的平方减去它们离差的平方。例如，$11 \times 15 = 13^2 - 2^2$。

　　如果我们用 a 来表示某两个数的平均值，用 s 来表示这两个数的离差，那么这两个数本身必然是 $a+s$ 和 $a-s$。这样，我们所得的结果就可以使用下面的式子来表示：

$$(a+s)(a-s) = a^2 - s^2.$$

　　这个等式有时也被称为平方差公式。这真是一件完美的古巴比伦艺术杰作！不过，你也不用遗憾，下面还有几件作品有待你去完成。

请构造一个表现如下代数关系的马赛克图案,

$$(x+y)^2 = x^2 + 2xy + y^2.$$

假定已知两个数的和值与差值,请问怎样能够求出这两个数?

如果已知的是两个数的和与乘积,那么又该如何求出这两个数?

下面,就让我们使用古巴比伦人的方法来重新表示数值 d。由于 d 和 $d-1$ 的平均值是 $d-\frac{1}{2}$,且其离差是 $\frac{1}{2}$,因此,我们有下式成立:

$$d(d-1) = (d-\frac{1}{2})^2 - \left(\frac{1}{2}\right)^2.$$

这样,我们可以将关系表达式 $d(d-1)=1$ 重新表示为

$$(d-\frac{1}{2})^2 - \left(\frac{1}{2}\right)^2 = 1,$$

移项后,我们得到

$$(d-\frac{1}{2})^2 = \frac{5}{4}.$$

求解到这里,关键的一点是,现在我们可以运用平方根来整理该式了,由此我们得到 d 的取值为

$$d = \frac{1}{2} + \sqrt{\frac{5}{4}}.$$

当然如果你喜欢,也可以这样表示:

$$d = \frac{1+\sqrt{5}}{2}.$$

使用包含整数算术和平方根的语言，我们终于将数值 d 明确地表示了出来。

> **请证明，在所有周长相等的矩形中，正方形的面积最大。**
> **给定一个等边三角形，请找出与该三角形面积、周长均相等的矩形。**

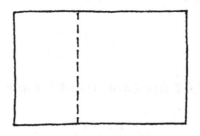

> **"黄金矩形"是具有如下性质的矩形，当移除以短边为边长的正方形后，剩余的矩形和原来的矩形相似。求黄金矩形的长宽比例。**

至此，我们可以看出，正五边形的对角线可以使用平方根来表示。特别地，从表达式 $d = \frac{1}{2}(1+\sqrt{5})$ 中，我们可以很容易地得出 d 是一个无理数，其近似值为 1.618。当然，我们也可以直接从表达式 $d(d-1)=1$ 中得出这个信息。事实上，这两个表达式在各方面都是等价的，告诉我们的有关 d 的信息也是相同的。从数学内容上看，这两个表达式之间并没有任何差别。

我猜想，如果要用比较偏激一点的观点来看待目前的情况，很有可能是，我们费了九牛二虎之力后却发现自己仍然在原地踏步！对于 d 的取值，我们以这样的描述开始，即"当与比自己小 1 的数相乘时乘积为 1 的数"；最终用下面的描述结束，即"是比平方为 5 的数大 1 的数的一半"。我们可以认为这是进步吗？如果 d 的所有信息都包含在原始的方程中，我们为什么又要费心去解该方程呢？

然而另一方面，想想我们平时为什么要费心去烤面包呢？要知道，其实面包的原材料也是可以吃的呀。

实际上，研究代数的意义并不在解方程上，它的意义在于允许我们根据当前的状况以及自己的偏好，在彼此等价的不同表达式之间来回变换。从这个意义上说，所有的代数运算其实都是心理上的需要。这些数以不同的方式向我们展示自己，每一种不同的表示方式都对这个数有不同的认知，并且能给我们带来其他的表示方式所不能够带来的思路。

例如，表达式 $d = \frac{1}{2} + \sqrt{\frac{5}{4}}$ 就能使我想到下面的图案：

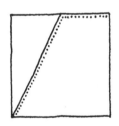

在该图中，单位正方形两个对角之间的路径由两部分组成。其中，水平部分的长度为 $\frac{1}{2}$，而斜线部分则刚好是 $1 \times \frac{1}{2}$ 矩形的对角线。应用毕达哥拉斯定理，我们得出该对角线的长度为 $\sqrt{\frac{5}{4}}$。这就说明正五边形的对角线长度（该长度度量起来非常困难）正好和单位正方形上这段简单路径的长度相等。

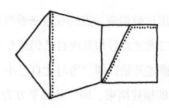

这个结果相当漂亮，也出乎我们的意外。如果没有 d 的这个特定表达式，我是怎么也不会想到这两个值是相等的。事实上，即使我猜到了它们的长度相等（比如通过摆弄纸张和直尺），若没有以某种方式得到 d 的这两个表达式并证明它们两者等价，那么我是不可能知道我猜测的结论是否真的在数学现实中成立，更不要说能够理解其中的原因了。当然，如果我不经意地就猜出 $d = \frac{1}{2}(1+\sqrt{5})$，那么核实 $d(d-1)=1$ 是否成立则要容易得多。诸如古巴比伦人技术这样的方法，其意义在于它允许我们使用某种特定的语言将 d 明确地表示出来，而不是不得不成为好的猜谜人。

一般来说，几何学家的主要任务是进行几何信息和代数信息之间的相互转换。更多的时候这是一个创造性的任务，而不是一个技术性的任务。在前面我们的讨论中，真正重要的想法是将正五边形切分成相似三角形，但这样的想法又是从哪儿来的呢？怎样才能够思考出这样的想法呢？对此，我不知道答案。数学是一门艺术，而创造性才能则是一个未解之谜。当然，我们掌握的技术总是有用的（杰出的画家能够洞悉光和影的奥秘，优秀的音乐家可以透彻地理解功能和声的作用，而一流的数学家则擅于从纷繁的代数信息中抽丝剥茧），但创造出精妙的数学的难度丝毫不亚于创作美丽的肖像画或者谱写悦耳的奏鸣曲。

正五边形的面积是多少？

又一次地，我真的帮不上你的忙；你必须依靠自己的努力。在你的面前有一块空白的画布，你需要有自己的想法去创作。或许你会有一些想法，也或许你不会有。这就是艺术。

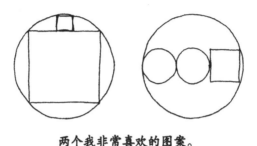

两个我非常喜欢的图案。

那么，圆形的情况又是怎样呢？可以肯定的是，你再也找不出另一个更完美的形状了。

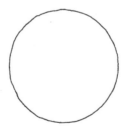

圆形简单、对称、精致。但是我们到底要怎样去度量它呢？就这个问题而言，其实质是我们要怎样去度量弯曲的形状。

关于圆形，我们需要注意的第一件事情是，圆上的任意一点距离圆心的距离都相等。毕竟，只有这样它才能够成为一个圆。圆上的任意一点距离圆心的距离，我们称之为圆的**半径**。由于所有的圆其形状都相同，因此只有半径能够使一个圆区别于另外一个圆。

圆的周长，我们称之为**圆周**（circumference，拉丁语"随身携带"的意思）。我想，对于圆而言，最自然的度量便是其面积和圆周。

让我们从做一些近似开始吧。如果我们在圆上放置一定数目的等距离的点，然后连接各点，由此我们就会得到一个正多边形。

这个正多边形的面积和周长的值比圆的相应值要小一些，但这两对值相当接近。如果我们放置更多的点，则可以使这两对值更加接近。假定我们所使用的点的数目很大，比方说为 n。于是，我们就得到一个正 n 边形，且其面积和周长与圆的真实面积和周长非常接近。关键的一点是，随着正 n 边形边数的增多，正 n 边形也会越来越近似于圆。

那么，此正多边形的面积又是多少呢？让我们将它切分成 n 个相同的三角形吧。

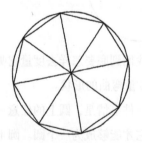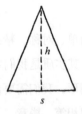

这样，每个三角形的底边长度就等于正多边形的边长，令其为 s。而三角形的高度则是从圆心到正多边形边的距离，我们称该高度为 h。

因此，每个三角形的面积为 $\frac{1}{2}hs$，而正多边形的面积则为 $\frac{1}{2}hsn$。注意到 sn 正好是正多边形的周长，因此我们可以得出如下等式：

$$正多边形的面积 = \frac{1}{2}hp，$$

其中的 p 为正多边形的周长。就这样，使用周长和圆心到边长的距离，我们将正多边形的面积精确地表示了出来。

然而，随着边数 n 无限地增大，情况又会怎样呢？显然，正多边形的周长 p 将会和圆的周长 C 越来越接近，而高度 h 也将会逼近圆的半径 r。这说明正多边形的面积必然会逼近 $\frac{1}{2}rC$，而同时正多边形的面积也一直在逼近圆的真实面积 A。那么，唯一的结论只可能是，这两个数值必然相等，即

$$A = \frac{1}{2}rC.$$

这表明，圆的面积刚好等于半径与圆周的乘积的一半。

一种思考该结论的好方法是，设想将圆周展开成一条直线，则该直线和圆的半径刚好形成一个直角三角形。

我们所得出的公式表明，圆形所占据的面积刚好和这个直角三角形的面积相等。

这里，有一种很重要的方法。仅仅通过做一些近似，我们就不经意地得出了圆的面积的精确表示。关键的一点是，我们并不只是做了几个精确程度很高的近似，而是做了无穷多个近似。我们构造了一个精确程

度越来越高的无穷近似序列，这无穷多个近似已经足以让我们看出其中的模式并得到它们的极限。换句话说，我们可以从一个有模式的无穷近似序列中得知真理。因此，将这视为迄今为止人类所产生的最伟大的想法，是有一定道理的。

这种奇妙的方法，我们一般称之为**穷竭法**，它是由古希腊数学家欧多克索斯（Eudoxus，柏拉图的一位学生）于公元前 370 年左右发明的。它让我们可以通过构造无穷的直线近似序列来度量弯曲的形状。运用穷竭法构造无穷近似序列的诀窍是，所构造出的无穷序列必须具有某种模式——一个无穷的随机数序列并不能告诉我们什么有价值的信息。因此，只有一个无穷的序列是不够的，我们还必须能够发现其中的模式从而理解该序列。

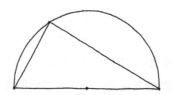

圆上任意一点与直径两个端点的连线所形成的角总是直角，你
知道其中的原因吗？

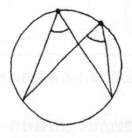

请证明，如果圆上的两个点都和同一条弧的两个端点连接，那
么由此形成的两个角必然相等。

11

在上一节中，我们已经用圆周将圆的面积表示了出来。但圆周是否也可以度量呢？对正方形而言，用相对于边长的比例来度量周长是很自然的，即四周的长度与一条边长的比值。同样，对于圆，我们也可以采用这样的方法。通过圆心的直线与圆的两个交点之间的距离，我们称之为圆的**直径**（显然直径正好是半径的两倍）。因此，对圆来说，类似的度量将会是圆周与直径的比值，即圆周率。由于所有的圆其形状都相同，因此，对每一个圆来说，该比值都是相等的。通常，我们使用希腊字母pi 或 π 来表示该比值。π 对于圆的意义，正与 4 对于正方形的意义相同。

要对 π 的取值做一些近似并不是很困难。例如，假定我们在圆中放入一个内接正六边形。

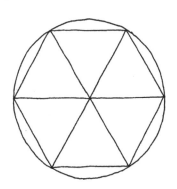

此正六边形的周长正好是圆的直径的三倍。由于圆周比此正六边形的周长要长一些，因此，我们得出 π 的取值要比 3 大一些。如果使用边数更多的正多边形，那么我们将会得到精确程度更高的近似值。阿基米德（生活于公元前 250 年左右）就曾使用正 96 边形，得出了 $\pi \approx \frac{22}{7}$。许

多人都有这样的错觉，以为这是一个严格的等式，但实际上它并不是。π
的真实取值要稍微小一点，一个相对精确的近似值是 π ≈ 3.1416，一个
更精确的近似值 π ≈ $\frac{355}{113}$，这个近似值由五世纪时的中国人给出。

但是，π 的精确取值到底是多少呢？很遗憾，关于该取值的消息相
当糟糕。由于 π 是无理数（该性质由兰伯特于 1768 年证明），因此，我
们不可能将它表示为两个整数的比值。特别是，想要将直径和圆周都表
示为同一个计量单位的整数倍，则是绝对不可能的。

实际上，我们面临的情况要比处理正方形的对角线时所遇到的情况
更糟。虽然 $\sqrt{2}$ 也是无理数，但我们至少可以这样表述它，即"其平方为
2 的数"。换句话说，我们可以使用整数的算术来表达 $\sqrt{2}$ 所满足的关系
式，即它是这样的一个数 x，满足 $x^2 = 2$。我们虽然也不知道 $\sqrt{2}$ 的取值
到底是多少，但我们知道它的性质。

结果表明，π 有着不同的情况。它不仅不能够用分数表示，事实上，
它也不能满足任何的代数关系。π 有什么用呢？除了表示圆周率之外，
其实它并没有什么别的作用。π 就是 π。像 π 这样的数，我们称之为**超越
数**（transcendental，拉丁语"超出"的意思）。超越数（它们的数目有很
多）根本就超出了代数所具有的表达能力。林德曼于 1882 年证明了 π 是
一个超越数。这真的很神奇，我们居然还能够知道像超越数这样的数。

然而，另一方面，数学家们也发现了不少 π 的其他表示方法。比如，
莱布尼茨于 1674 年发现了如下的公式：

$$\frac{\pi}{4} = 1 - \frac{1}{3} + \frac{1}{5} - \frac{1}{7} + \frac{1}{9} - \frac{1}{11} + \dots.$$

这里的想法是，随着公式右边相加项数的增多，其相加之和也会越
来越接近公式左边的数值。因此，π 可以表示为无穷项之和。该公式至

少向我们提供了 π 的纯数值表示，而且在哲学上它也非常的有趣。更重要的是，这样的表示就是我们所能得出的全部。

以上就是故事的全部。圆周和直径的比值是 π。然而，对于这样的比值，我们却无能为力。我们所能做的，只能是将它加入从而扩展我们的语言。

特别地，半径为 1 的圆，其直径为 2，因此其圆周为 2π。该圆的面积是半径与圆周乘积的一半，亦即正好是 π。将该圆按比例 r 放大，由此我们得到一个半径为 r 的圆，其圆周和面积可由下列公式得出：

$$C = 2\pi r,$$
$$A = \pi r^2.$$

值得注意的是，上述第一个公式实际上并无实质内容，它只不过是 π 的定义的重新表述。第二个公式才真正地有深刻的内容，它和我们在前一节中所得的结果等价，即圆的面积等于其半径与圆周乘积的一半。

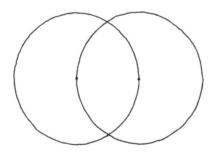

如果两个圆互相经过彼此的圆心，那么它们重叠部分的面积和周长分别是多少？如果是三个圆这样地两两重叠，那么情况又会怎样？

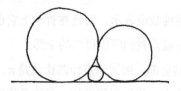

在一条直线上有两个圆，它们相切于一点，同时有一个小圆内
接于它们之间的空间。请问这个内接小圆的半径怎样取决于两
个大圆的半径？

12

关于穷竭法，我还想多说几句。它的基本想法是想通过使用一个无
穷的近似序列，从而不经意地得出精确的度量结果，就像我们前面使用
正多边形的无穷序列来度量圆一样。这可以算是目前为止人们所想出的
最强大、最灵活的度量方法。一方面，它将比较困难的弯曲形状的度量
转化成相对容易的直线形状的度量。我们能够对弯曲形状有准确了解已
经很令人惊奇了，更不用说还能使用如此深入、优美的方式。

作为穷竭法的另一个示例，我将向你展示一种度量圆柱体体积的好
方法。

　　话说圆柱体是一个很有意思的物体，它既有圆的部分，又有直的部分。我们可以认为它是一个介于立方体和球体之间的中间体。无论如何，它两端的面都是圆形（其大小是相同的），其中有一个面高出另一个面一定的高度。

　　一种近似地度量圆柱体体积的方法是，设想将圆柱体垂直地切成薄板状，由此我们可以得到大量的薄板，同时可以用长方形的盒子来近似这些薄板。

　　有一点值得我们注意，那就是这些盒子的矩形底面积之和与圆柱体的圆形底面积之间的近似程度非常高。随着所切分出的薄板数目的增加，这些盒子的体积之和将会逼近圆柱体的真实体积，同时矩形底面积之和也将会逼近圆形底面的真实面积。

　　由于每一个长方形盒子的体积是其底面积与高度的乘积，因此，所有盒子的总体积将会是它们的高度与所有矩形底面积之和的乘积。这里，由于实际上所有的盒子其高度都相等，因此我们的计算变得很简单。这说明，圆柱体体积的近似值等于其高度与底面积近似值的乘积。

　　对我们理解圆柱体的真实体积这个目的而言，这已经是一个模式。随着薄板数目的增加，这个近似值的精确程度也会越来越高，高度与矩形底面积的乘积也将会同时逼近下面这两个值——圆柱体的真实体积以及其高度与圆形底面积的乘积。因此，这两个值必然相等。换句话说，穷竭法在这里再次得到了成功的应用。而圆柱体的体积，则正好是其高度与圆形底面积的乘积。

叙述到这里，我想到了两件事。第一件事是，或许对你来说，我们所得出的结果是如此显而易见。一个圆柱体所占据的空间应该既和它的高度成正比，又和它的底面积成正比，难道这不是很显然的吗？我很讨厌处于这样的境地，去解释一些显而易见的内容。然而另一方面，将直觉和推理相结合则是相当不错的主意——事实上，这正是数学的精髓。

另一件事是，或许用这样的方式将圆柱体切分成长方形的盒子，既不好看，也不自然。毕竟，在前面度量圆时，我们将其切分成了美观、对称的三角形布局。那么，为什么我们不绕着圆心，直接将圆柱体垂直地切分成三角形的楔子呢？事实上，这的确是一个很合理的批评。让我用另外的例子来回答这样的批评吧（这里假设我并不是那个同时提出批评的人）。

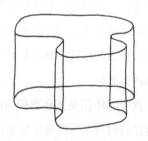

上图中的物体，是用和圆柱体同样的方法制作出来的，只不过它的上下底面并不一定是圆，也可能是其他的形状。像这样的物体，我们称之为**广义圆柱体**。问题是，在这种情况下，并没有一个比较好的对称的切分方法。因此，长方形的切分方法其实并不比其他的切分方法差。同时，我们也能得出广义圆柱体的体积同样是其高度与底面积的乘积。我想，无论广义圆柱体是否对称，我们都能够运用这样的切分方法。这个示例再一次很好地向我们展示了穷竭法的灵活性。

我们怎样才能度量（广义）圆柱体的表面积？

下面，我想向你演示穷竭法的作用是多么强大。在稍前一些的章节中，我们讨论了拉伸变换。它的想法是，只在某一个方向上按一定的系数进行拉伸。有时，我愿意将它想成是整个表平面的转换，就像是用力在拉一块橡皮的两端。此时，任何画在表面上的形状或图形也会相应地拉伸。假定我们有一些形状，并且在水平方向上按某一系数对它们进行拉伸。

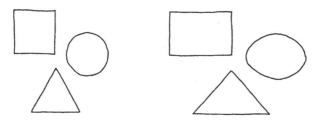

需要注意的是，我们的行为是怎样剧烈地影响到了这些形状。比如，左图中的正方形现在变成了矩形（因此它的各边的长度不再都相等）。同时，等边三角形现在也仅仅只是等腰三角形，而圆形则变成了一种新形状，这种新形状我们称之为**椭圆**。

一般来说，拉伸是一个极具破坏力的过程，长度和角度在拉伸的过程中通常都会被严重地扭曲。特别是，在形状拉伸之前的周长和拉伸之后的周长之间，通常并不存在任何关系。比如，椭圆的周长，就是一个非常经典的度量难题，而这也主要是因为它和圆的周长没有任何的关联。

然而另一方面，拉伸变换和面积却可以彼此相安无事。我们已经知道拉伸变换对矩形的面积有怎样的影响：如果将一个矩形按某一个系数进行拉伸（拉伸的方向平行于某一条边），那么拉伸后的面积等于原面积乘以该系数。运用穷竭法，我们能够得出，这对任何形状来说都是成立的。为了更准确地说明，设想我们有某一形状，并且在某一个方向上按系数 r 对该形状进行拉伸。我们想要证明，经过变换后该形状的面积将会扩大r倍。

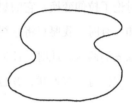

我们的想法是，在平行于拉伸变换的方向上，将该形状切分成长方形的细条。因此，我们可以用所有长方形细条的面积之和来近似表示该形状的面积。

经过拉伸变换，这些细条也被拉伸了，因此它们的面积也扩大了r倍。这说明，拉伸变换后形状的近似面积正好是原形状近似面积的r倍。如果细条的数目无穷地增长（因此每个细条的厚度也接近于零），我们能够得出形状的真正面积也必然扩大 r 倍。甚至在如此严重地变形之后，我们依然能够算出形状的面积，我觉得这是非常令人意外和惊奇的。

椭圆的面积是多少？

类似地，如果在某一给定方向上按某一系数进行空间的拉伸变换，也会相应地使体积扩大该拉伸系数倍。你明白了为什么吗？既然盒子在拉伸变换时能够保持该性质，那么其他的物体肯定也可以。当然，我们还是需要稍微谨慎一些。比如，如果空间中的一个物体按系数 2 进行拉伸，则它的体积确实会变成原来的两倍，但它的表面积一般情况下却并不容易确定。如果有所怀疑，你可以用立方体试一下。

接下来，我想向你展示一个真正美妙的度量（我多么希望我向你展示的全都是这样的美妙的度量）。我们将要度量的是棱锥体的体积。

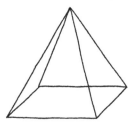

我最喜欢的度量方式是，将该棱锥体放入一个底面相同、高度相等的盒子里。同时，我愿意将该盒子视为棱锥体的装载箱。

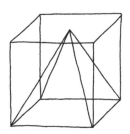

于是就会很自然地产生这样一个问题，即棱锥体占据了整个盒子多大比例的体积？这是一个相当困难的问题，同时也相当古老，其历史可以（很自然地）上溯到古代埃及。首先，我们很聪明地注意到，如果连接立方体的中心和它的八个顶点，那么我们就可以将立方体切分成几个棱锥体。

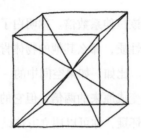

由于立方体的每一个面都对应着一个棱锥体，所以一共有六个这样的棱锥体。又由于所有的棱锥体都是相同的，所以每一个棱锥体的体积都是立方体的六分之一。而装载着其中任何一个棱锥体的装载箱则刚好是立方体的一半。因此，每个棱锥体正好是它的装载箱体积的三分之一。我想这真是一个漂亮的论证。

然而，这里也存在一个问题，那就是我们得出的结论仅仅适用于某些特殊形状的棱锥体（其高度正好是它的底面边长的一半）。而大部分的棱锥体并不能够刚好组合成立方体或其他规整的形状，它们不是太尖锐就是太平缓。

这是否意味着我们只能够度量某些特殊形状的棱锥体呢？幸运的是，实际上并不是这样！这里关键的一点是，如果对特殊的棱锥体进行适当的拉伸变换，我们就可以得到任何形状的棱锥体。例如，如果你想要一个比较尖锐的棱锥体，我们就可以在垂直方向上对它进行任何系数的拉伸变换，直到得到我们想要的高度。

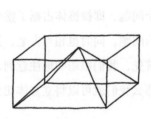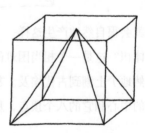

好了,这里是我最喜欢的部分,那就是拉伸变换对棱锥体体积所造成的影响和它对装载箱体积的影响是一样的,两者的体积都扩大了拉伸系数倍。这说明两者的体积之比没有发生变化。既然对特殊形状的棱锥体来说,该比值是三分之一,那么对任何形状的棱锥体来说,该比值也必然是三分之一。因此,我们得出下面的结论:任何棱锥体的体积都始终是刚好装载它的盒子体积的三分之一。我特别喜欢这样清晰的思路脉络。另外值得我们注意的是,穷竭法在这个过程中所发挥的巧妙且强大的作用。

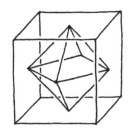

连接立方体各个面的中心点,刚好可以构成一个正八面体。求此正八面体所占立方体体积的比例。

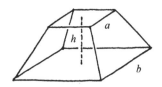

在比边长为 b 的正方形高 h 的位置上放一个边长为 a 的正方形,连接两个正方形相对应的顶点,由此形成了一个不完整的棱锥体。请问其体积怎样取决于 a、b 和 h?

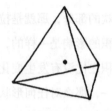

哪里是正四面体的中心？

13

在这一节中，让我们试着去度量圆锥体的体积。

圆锥体是一个很漂亮、很有意思的物体，我希望你也认同这样的看法。自然地，在本节中，我们依然会使用某种形式的穷竭法。说到这里，出现在我脑海中的第一个想法是，用一堆薄的圆柱体片来近似圆锥体。

随着所切分出的圆柱体片数目的增多，每个圆柱体片会变得越来越薄，它们的体积之和也会越来越接近圆锥体的真实体积。我们所需要做

的，只是找出这些近似序列中的模式并找到它们的极值。

但遗憾的是，结果并不像想象中的那么容易。每个圆柱体的体积取决于它们各自的半径，而当我们在圆锥体上上下移动时，这些半径一直在不停地变化。这处理起来有些棘手。事实上，只有相当内行的代数学家才能够找出其中的模式，并理解其行为。

你能够找出这些近似序列中的模式吗？

事实是，穷竭法在这里变成了一种难度非常大的方法，以致难以实际应用。即使一个形状相当简单，并且我们也有了相当成熟的近似表示的方法，所得出的近似序列仍然有可能太过微妙，以致我们并不能够找出其中的模式。只是说我们能够找出一个序列的极限，这相当容易；但真的找出一个序列的极限，则要困难得多。假如形状又比较复杂，则找出一个序列的极限基本上是不可能的。那么，我们又要怎样解决这个难题呢？

解决一个问题的最好方法，就是找到一种根本不用解决这个问题的巧妙方法。这几乎是所有的数学家都公认的一项美学原则。

因此，我们并不会直接去度量圆锥体的体积。相反，我们将拿它和另外一个我们已知其体积的物体进行比较——棱锥体。

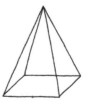

设想有一个和该圆锥体高度相等的棱锥体，且其正方形底面与圆锥体圆形底面的面积也相等。我们接下来的想法，便是去证明这两个物体

的体积相等。

为了证明这一点，让我们回到切分的思路上来。这一次，我们将同时切分圆锥体和棱锥体。

我们还用一堆薄的圆柱体片来近似圆锥体，同时我们用一堆薄的长方体片来近似棱锥体。如果方法使用得当的话，那么每一个圆柱体片都会和一个厚度相同的长方体片对应。这些薄片的底面分别是圆锥体和棱锥体的**横截面**。

我们注意到，当像这样切分圆锥体时，我们又在大圆锥体的顶端创造了一个小圆锥体，而且这个小圆锥体和原来的圆锥体形状相同，只是更小一些。换句话说，它只是原来的圆锥体等比例缩小了。对棱锥体来说，情况也一样。事实上，既然原来的圆锥体和棱锥体高度相等，并且小圆锥体和小棱锥体的高度也相等，因此两者的缩放系数必然是相等的。既然原来的圆锥体和棱锥体底面积相等，那么缩小后，两者的底面积也必然相等。

事实上，我想得出这样一个结论，即无论我们在什么高度上进行切分，圆锥体和棱锥体都会有相等的横截面积。当遇到这种情况时，我更习惯说它们有"相等的横截面"。不过你应该明白，其实我指的是它们的横截面面积相等，并不是说横截面的形状必然相同。因此，按照我的表达习惯，在任意高度上，圆锥体和棱锥体都有相等的横截面。

这说明，在我们所用的体积的近似表示中，对应的圆柱体和长方体有着相等的横截面。同时，由于它们的厚度也相同，所以它们的体积必然也相等。因此，每一个薄的圆柱体都和对应的长方体有着完全相等的体积。特别地，所有圆柱体片的体积之和也必然与所有长方体片的体积之和相等。这表明，无论我们将圆锥体和棱锥体切分成多少片，它们体积的近似值总是相等的。

随着所切出的薄片变得越来越薄，这些近似值将会同时逼近圆锥体的体积和棱锥体的体积。因此，两者的体积必然相等。换句话说，圆锥体的体积等于与它等高、等底面积的棱锥体的体积。

在前面的推导中，我特别喜欢的是，我们并不需要去寻找这些近似序列中的模式，只需要知道它们彼此是相等的。通过进行恰当选定的比较，我们成功地避开了难度很大的代数计算。

为了得出更好的推导结果，让我们把圆锥体放进一个等高、等底面的圆柱体中。这和前面我们将棱锥体放进盒子中的做法十分类似。

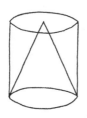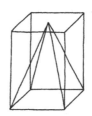

既然圆柱体和盒子有着相等的底面积和高度，那么两者的体积也必然相等。特别地，与棱锥体一样，圆锥体的体积也必然正好是装着它的

圆柱体体积的三分之一。

我们应该怎样度量圆锥体的表面积？

你能在立方体的横截面中找出一个正六边形吗？

不过，最终的结果表明，圆锥体的情形只是冰山上的一角。这种比较的想法实在是相当普遍。任何立体的物体都能够用一堆薄的（广义）圆柱体片来近似，而且在经过适当地处理后，如果两个物体在切分时在任意高度都能够有相等的横截面，那么穷竭法将会保证这两个物体的体积相等。

这个结论非常的古老，同时也很漂亮。我们一般称之为**卡瓦列里原理**（虽然它最初是由阿基米德发现的，但在十七世纪三十年代又被伽利略的学生博纳文图拉·卡瓦列里重新发现）。该原理的思路并不是去计算体积，而是去比较体积；其中关键的一点是选择合适的物体来比较。

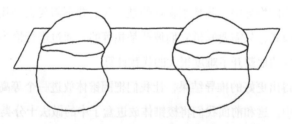

为了应用卡瓦列里原理，我们需要在空间中这样摆放两个物体，以便对每一个水平截面来说，两个物体相应的横截面总是有相等的面积。（特别是，两个物体的高度必须相等。）这确保了无论圆柱体的近似值变得多么精确，两者的体积总是一致的。

同时，理解下面这一点也很重要，即这并不是两个物体具有相等体积的唯一方式。我们很容易找出两个体积相等，但横截面却并不相等的物体。

遗憾的是，卡瓦列里原理并不适用于表面积。对体积来说，一堆圆柱体薄片是一个很好的近似值选择；但对表面积来说，它却并不是一个合适的近似值选择。（实际上，这一点比较微妙。）总之，有很多这样的物体，它们有相等的横截面，但它们的表面积却并不同。你能够找出一些这样的物体吗？

你能够找出两个横截面相等，但表面积却不同的物体吗？

你能够为平面上的面积想出相应的卡瓦列里原理吗？

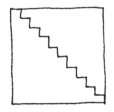

为什么我们不能够如上图所示的那样使用穷竭法，从而度量出正方形的对角线长度？

应用卡瓦列里原理的一种相当简单的情形是当两个物体有相同的横截面时。这就是说，不但横截面的面积相等，而且横截面的形状也相同。

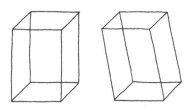

上图中的两个盒子，有着相同的正方形底面，并且高度也相等，只是其中一个是直立的，而另一个是倾斜的。如果只看横截面的话，我们会发现它们的横截面总是相同的——都是与底面相同的正方形。不同的横截面好像只是移到了新的位置，但其形状仍然保持不变。通过卡瓦列里原理我们知道，这两个盒子的体积相等。

这里关键的一点是，只要我们只是简单地移动不同的横截面（我们甚至可以进行旋转）而保持它们的面积不变，那么这两个物体的体积也就会相等。当然，正方形在这里并没有任何特殊之处，该原理适用于任何形状。

那么，倾斜的棱锥体的情况又会怎样呢？又或者倾斜的圆锥体呢？我们甚至可以设想有一种广义圆锥体，它的底面可以是任意形状，但其横截面会随着高度的增高而变小，并最终在某一高度处变成一个点。

如果我们再构造这样一个棱锥体，其底面积和高度都与广义圆锥体的相等。运用前面的等比例缩放论证方法，我们能够得出两者相应的横截面相等。这说明，任意广义圆锥体的体积都正好是相应的广义圆柱体体积的三分之一。

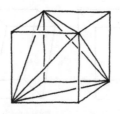

立方体六个面上的对角线正好形成了一个正四面体，那么此正四面体占立方体体积的比例是多少？

正多面体的体积是多少？其他对称多面体的体积又该如何计算？

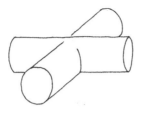

假设有两个相同的圆柱体垂直相交，它们的交集会是什么样子，
该交集的体积又是多少？若是三个圆柱体两两垂直相交，情况
又会怎样？

14

卡瓦列里原理的一个最令人瞩目的应用发生在卡瓦列里本人出生的
两千年前，这就是阿基米德对球的体积的度量。

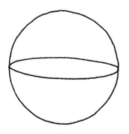

我一直认为球体是人能想象的最简单，也是最精致的几何体。它是
完全对称的，球面上的每个点到球心的距离都相等。和圆一样，我们将
球面上的点到球心的距离称为球的半径。

我们的想法是构造一个在被同一平面所截时和球体有相等截面积的
不同几何体。然后应用卡瓦列里原理，我们就能够得出这两者的体积相
等。当然，除非新几何体的体积计算起来更容易，否则我们就是在做无

用功。

让我们设球体的半径为 r，然后看看是否能够求出各个截面的面积。再设想在大圆的上方，有一水平面，其高度为 h，与球体相截。

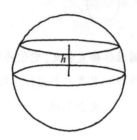

由此我们得到一个圆形的横截面，令该圆的半径为 a。显而易见，a 的大小取决于水平截面的高度 h。当水平截面穿过球体的中心时，横截面就是整个大圆，此时高度 h 为 0，而圆的半径 a 则和球的半径 r 相等。随着水平截面高度 h 不断增加，圆形横截面变得越来越小，半径 a 也随之变小。最后，在球体的北极点，a 的取值为 0，同时截面也会缩小为一个点。

我们需要精确地知道横截面的面积是怎样地取决于高度 h。幸运的是，这并不是太困难。

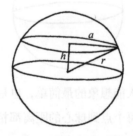

我们知道，横截面边缘上的任意一点到球心的距离均为 r，且边 h、a 和 r 形成一个直角三角形，其中 h、a 为直角边，r 为斜边。应用毕达哥拉斯定理，我们有下式成立：

$$a^2 + h^2 = r^2.$$

这也就是说，横截圆的面积为

$$\pi a^2 = \pi(r^2 - h^2) = \pi r^2 - \pi h^2.$$

上式有一个很好的几何解释。它表明圆形截面的面积等于半径为 r 的圆的面积减去半径为 h 的圆的面积。换句话说，即外半径 r 与内半径 h 所形成的圆环的面积。

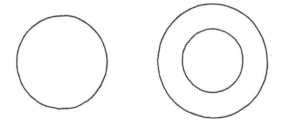

随着横截面高度 h 的增加，这个"菠萝圆环"变得越来越薄，圆环的外半径保持不变，但内半径却越来越大。阿基米德认识到，这些圆环正好是一个圆柱体挖去一个同底面同高的圆锥体后所截得的截面。

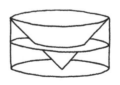

该圆柱体的底面半径为 r，高也为 r；圆锥体的底面半径和高与圆柱体的相等，也均为 r。这使得圆锥体任意一个截面的半径与其高度相等，而这一高度正是我们所期望的"菠萝圆环"的内半径。因为圆环的外半径始终为 r，我们可以得出阿基米德的判断是正确的。

至此，我们已经可以构造在任意高度和球体有着相同截面积的新几何体。我们只需要把两个上述挖去圆锥体后的圆柱体放在一起就可以了，其中一个对应着球体的上半部分，另一个对应着下半部分。也就是说，我们得到了一个挖去两个圆锥体后的圆柱体。

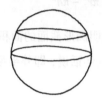 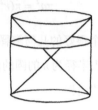

由于这两个几何体在任意相同的高度有着相等的截面积，应用卡瓦列里原理，它们的体积必然相等。怎么样，很伟大吧！

重要的是，我们已经知道该怎样处理圆锥体和圆柱体。由于每个圆锥体的体积是其对应的半个圆柱体积的三分之一，两个圆锥体的体积相加也必然是整个圆柱体积的三分之一。因此，阿基米德所求的球体的体积是整个圆柱体积的三分之二。注意到圆柱体的底面半径和高度与球体的半径和高度相等，我们可以得出阿基米德很久之前就已得出的结论，一个球体的体积正好是刚好能够容纳它的圆柱体体积的三分之二。

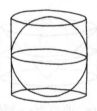

这是一个精妙绝伦的计算。当然，如果愿意，我们可以将球体的体积写成仅含其半径的表达式。刚好容纳球体的圆柱体的体积为

$$\pi r^2 \times 2r = 2\pi r^3,$$

因此半径为 r 的球体的体积是 $\frac{4}{3}\pi r^3$。

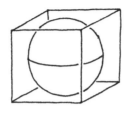

内切球体的体积占立方体体积的几何？该比例超过一
半吗？

请证明半球体中的圆锥体体积刚好是其体积的一半。

现在已经有了一个球体，让我们再来计算一下它的表面积。前面处理圆时，我们用多边形来近似圆形的面积与周长。在这里，我们将模仿处理圆时所采用的技术，使用多面体来近似球体。

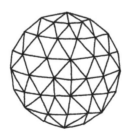

我们怎么用多面体来近似球体并不是特别重要，只要多面体的面能够变得越来越小，这样就能保证多面体的体积和表面积能够不断逼近球体的体积和表面积。为了使问题更简单，我们假设多面体的每个面均是

三角形。

为了计算此多面体的体积，我们将多面体分成小块。如果从球心连线到每个面的三个顶点，我们能够得到许多细的棱锥体。

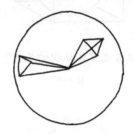

此多面体的体积是所有这些小棱锥体的体积之和。这与我们将用来近似圆形的多边形切成许多小三角形类似。

至此，我们得到了计算的思路。这些小棱锥体的高与球体的半径 r 非常接近，因此每个棱锥体的体积大约是半径乘以底面积后的三分之一。将所有棱锥体的体积相加，我们得到该多面体的体积大约是半径乘以它的表面积后的三分之一。虽然这只是一个近似的取值，因为这些小棱锥体的高度和球体的半径并不完全相等，但随着棱锥体的底面积越来越小，它越来越接近真实的值。

这意味着，对于球体来说，体积 V 和表面积 S 正好满足等式 $V = \frac{1}{3} rS$。如果更近一步，与公式 $V = \frac{4}{3} \pi r^3$ 联立，我们得到

$$S = 4\pi r^2.$$

又是一个精彩的计算。它表明球体的表面积正好是球体大圆面积的四倍。

请证明球体的表面积正好是刚好能够容纳它的圆柱体的表面积的三分之二。

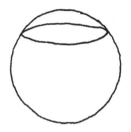

球缺（spherical cap）的体积和表面积分别是多少？

接下来，我想要告诉你公元四世纪初期一个相当精妙的数学发现，此时几何学的古典时期已接近尾声。该想法最初出现在古希腊几何学家亚历山大港的帕普斯（Pappus of Alexandria，生活于公元 320 年左右）的数学著作集中。

不得不承认，从一开始，我就对进入这一主题有一些担心。这是因为，这一主题的某些方面处理起来相当棘手，而我也并不是很清楚应该怎样去解释。（或许其中也有一些我不得不直接放弃的难点。）

让我们从面包圈开始吧——我指的是面包圈的形状，而不是它作为一种零食。

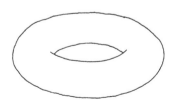

截至目前，对于所讨论的形状，我们并不需要特别精确地去描述。它们都由平面或空间中的点以某种虽简单但却不失优美的方式组成。对于像球体、圆锥体或矩形这样的概念，我们都十分地熟悉。但面包圈到底是什么样子呢？

通常，我喜欢这样考虑，设想有一个圆围绕着空间中的一条直线旋转，由此便形成了面包圈。

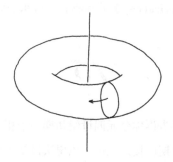

这种抽象的几何学中的面包圈，我们称之为**圆环体**（torus，拉丁语"垫子"的意思）。圆环体是由一个圆沿着空间中的圆形路径运动一周的轨迹所形成的物体。

我认为这是一个意义重大的想法，是一种通过另一个形状的运动来描述一个形状的新方法。它不但向我们提供了像圆环体这样未知的奇异的形状，同时也允许我们用一种新的角度来思考那些我们熟悉的物体。比如，立方体就可以看成是由正方形沿着直线路径运动而形成的。

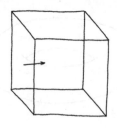

有时，我也喜欢将正方形想象成一种史前动物。数百万年前，它曾沿着一条直线路径缓慢爬行，立方体正是它曾经苦苦挣扎过的"化石记录"。另一个出现在我脑海中的画面则是雪地中的足迹，而矩形就是一根向侧面移动的树枝所留下的"足迹"。

总之，关键的一点在于，我们可以将很多漂亮的形状视为某种运动的结果。

你能够想出能将圆柱体视为运动结果的两种不同运动方式吗？

我们关心的问题是，以这样的角度来思考是否有助于我们对形状的度量。这可以说是几何学中反复出现的一个主题的一部分，即描述与度量之间的关系。一个物体的度量怎样地取决于我们描述它的方式？

特别是，如果一个物体能够通过某个简单形状的运动得到，那么该物体的度量值与形状以及运动方式又有着怎样确切的联系。早在十六个世纪之前，亚历山大港的帕普斯就已经提出了这个问题。下面，我想试着向你叙述他的伟大发现。

我想从前一节我们度量球体时所看见的菠萝圆环开始。

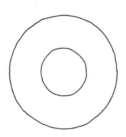

我们正在讨论的是两个同心圆之间的空间。像这样的区域，我们称之为圆环（annulus，拉丁语"戒指"的意思）。自然而然地，我们可以认为圆环是从一个大圆盘中剪去了一个同心的小圆盘。

另一方面，我们也可以将圆环看成是由一根树枝沿着圆形路径运动一周清扫出来的，就像是扫雪机绕着一棵树在扫雪。

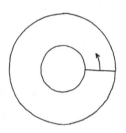

当然，如果这根树枝（或这台扫雪机）沿着直线路径运动，那么清扫出的结果将会是一个矩形。现在，我们可以将圆环和矩形看成是同一个思路的两种相关的实现——都是由一根树枝的运动而形成的形状。这一点相当有意思，因为如果从几何形状来看，圆环和矩形之间的差异非常明显。比如，如果你想要将一个矩形弯曲成一个圆环，结果肯定不会太好：靠里面的边将会变得太弯曲，而靠外面的边则可能会断裂。看起来，这并不是一幅漂亮的景象。

关于圆环和矩形，另一个令人关注的问题是，我们该怎样比较它们的面积。假定我们拿起一根树枝，让它沿着圆形路径运动从而形成圆环。那么，如果沿着直线路径运动，为了清扫出相同的面积，直线路径的长度应该是多少呢？这正是帕普斯曾经疑惑过的问题。

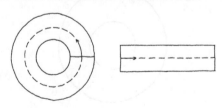

直线路径的正确长度将会处于圆环的内圆周长和外圆周长之间，我想这样的预期是很合理的。一个很自然的猜测是内圆和外圆之间的中间圆的周长。假定我们合理安排这个"平均"圆，从而使它的周长正好和矩形的长度相等。那么，它们的面积也必然相等吗？

结果表明，的确是这样。事实上，有一种很好的理解这个结论的方法，它与古巴比伦人的平方差公式有关，即 $x^2 - y^2 = (x+y)(x-y)$。

下面就是具体的思路。圆环的面积完全由它的内圆半径和外圆半径决定，假定我们用 R 表示外圆半径，用 r 表示内圆半径。由于圆环的面积是两个圆的面积之差，因此，我们得出圆环的面积为 $\pi R^2 - \pi r^2$。

为了知道矩形的面积，我们需要知道树枝的长度和直线路径的长度。树枝的长度很容易算出，它的值就是 $R-r$。你想到了其中的原因吗？而经过圆环中间的圆，从它的半径正好是圆环内圆半径和外圆半径的平均值这个意义上来说，可以算得上是一个平均圆。换句话说，中间圆的半径是 $\frac{1}{2}(R+r)$。

由于圆的周长始终是其半径的 2π 倍，因此，直线路径的长度（也就是矩形的长度）必然是

$$2\pi \times \frac{1}{2}(R+r) = \pi(R+r).$$

最后，矩形的面积等于其长度和宽度的乘积，也就是

$$\pi(R+r)(R-r) = \pi(R^2 - r^2) = \pi R^2 - \pi r^2,$$

该值正好等于圆环的面积。我很高兴地看到，代数和几何在这里联系了起来。代数中的平方差关系通过几何中圆环和矩形面积的相等反映了出来。

一种好的思考该结论的方式是，我们可以将中间圆看成是树枝的中点沿着圆形路径运动时留下的轨迹。换句话说，真正重要的是树枝的中

点所移动的距离。具体来说，我们发现，如果一根树枝的中点沿着圆形路径运动一定的距离，那么该树枝所经过的面积和沿着笔直路径运动同样距离时的一样。无论是哪一种情况，树枝所经过的面积都刚好是其长度与路径长度的乘积。

这是描述方式（我们用树枝的运动来描述圆环）影响度量结果（面积以一种简洁的方式取决于树枝和路径的长度）的一个很好示例。正如我所说的，几何学关注的正是描述和度量之间的关系。

我们可以更进一步地研究这个例子。设想我们推动该树枝（通过它的中点），使其沿着任意的路径运动。

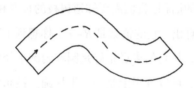

那么，我们所得出的结论仍然适用吗？我们能够说它所经过区域的面积和路径是笔直时的面积是一样的吗？该面积正好是树枝的长度与路径长度的乘积吗？又或者我们只是在碰运气？

事实上，无论路径有着什么样的形状，该结论都是正确的。让我试试是否能够将此解释清楚。首先，需要注意的是，该结论适用于局部的圆形路径，也就是弧形路径。

这是因为，弧长与其经过区域的面积比和整个圆环与圆环面积的比是相等的。特别是，该结论对于很小的环形"路径段"以及特别细长的矩形路径段也成立。我们的想法是，可以将这些一小段一小段的路径组合在一起以形成更复杂的形状。

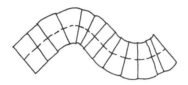

  树枝的中点所经过的各种不同路径段，包括很短的环形路段和笔直路段，组合在一起就能够形成一条很长的路径。通过对这些路径进行适当地组合，我们可以开辟出一条和任何我们需要的路段无限近似的路径。

  特别是，我们能够通过创建这样的无穷近似序列使自己开辟出的路径总长度逼近我们需要的路径。由此，我们聚集的所有一小段路径的总面积也将会逼近我们需要的区域的真实面积。既然面积的近似值是树枝的长度与路径长度的乘积，并且随着近似值精确程度的提高，该关系也依然成立，那么对于我们所考虑的真实区域，该关系也必然成立。再一次地，穷竭法帮助了我们。

  运动的树枝所经过的面积等于其长度与它的中点所移动的距离的乘积，这就是帕普斯所得出的结论。通过上面给出的示例，我们也看到了该结论广泛的适用性。

  不过，我们也需要注意以下几点。第一点是，为了应用该结论，树枝必须总是和它的运动方向保持垂直。如果我们用力的方向和树枝所成的角度不是直角，那么我们就不能够应用此结论。

  例如，帕普斯定理对于倾斜的平行四边形就并不适用。我们的形状是通过局部的环形和矩形拼接起来的（至少可以近似地这样认为），并且

其中树枝和路径总是相互垂直的，这是帕普斯定理所能够处理的唯一运动方式。我们需要谨记，垂直运动是应用帕普斯定理的一个必要条件。

另外一点，就是自相交问题。

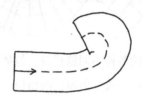

如果路径转弯的幅度过大，那么部分区域就会经过两次，因此，这些重叠区域的面积就会被计算两次。所以只要一直保持垂直运动，并且没有急剧地转弯，那我们就能够放心地使用帕普斯定理。

运动的树枝所形成区域的周长是多少？

好了，那么面包圈的情况又会怎样呢？既然圆环体可以看成是由圆绕着圆形路径运动时形成的，那么我们不妨再看看同样的圆沿着笔直路径运动时所形成的物体。换句话说，也就是圆柱体。

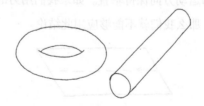

与之前不同的是，这一次的扫雪机是一个圆形。事实上，更准确地说，是一整个**圆盘**，一个用实体填充的圆。（人们通常的习惯是，用"圆形"这个词表示曲线本身，而用"圆盘"这个词表示圆形所包围的区域。）因此，当推着圆盘经过一堆积雪，若分别沿着圆形和直线两条路径推动，我们就会推出一个圆环体和一个圆柱体。

与前一节类似，由此很自然地产生下面这个问题：如果要和圆环体的体积相等，那么圆柱体的长度应该是多少？我们注意到，当圆盘沿着圆环体运动时，它上面所有的点都会在空间中形成圆形的路径，而且这些圆形路径的长度都不尽相同。那么，哪一个才是圆环体的正确长度呢？

前面我们处理圆环时的经验表明，这些圆形路径的平均值可能是这个问题的正确答案。换句话说，也就是圆盘的圆心所形成的路径。

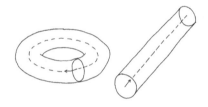

设想经过适当地处理之后，圆柱体的长度正好与穿过圆环体中心的圆形的周长相等。这样，就会有同样的圆盘移动同样的距离这样的情况发生，只是以两种不同的方式，一种是作直线运动，另一种是作圆周运动。那么，两者所形成的体积必然相等吗？

事实上，两者的确相等。下面我将向你展示理解这一结论的一个不错的方法，该方法使用了卡瓦列里原理。为了应用该原理，我们需要设想，我们将两个物体水平地切分成了薄片。

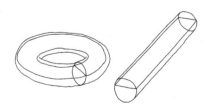

对于圆柱体来说，它的横截面并不是很难想象，其所有的横截面都是矩形。这些矩形有着相同的长度，该长度即是圆柱体的长度；而矩形的宽度则取决于横截面的高度。事实上，我们可以从圆柱体的圆形底面中得出横截面的宽度，它就是在横截面的高度处经过底面圆盘的水平割线的长度。

相对而言，圆环体的横截面就要稍微复杂一些，它们都是环形。随着横截面高度的变化，环形的内圆和外圆的大小也在不停地变化。然而另一方面，这些圆环的中间圆却都是相同的。由于圆的对称性，所有经过圆盘的水平切片都是中心对称的。因此，所有圆环的中间圆的周长都相等。

这表明，圆环体和圆柱体的横截面很容易比较。如果在相等的高度切分，我们将会得到一个圆环和一个矩形，并且两者的宽度和长度均相等。所以它们的面积也必然相等。既然无论在什么高度该结论都成立，因此，通过卡瓦列里原理，我们就能够得出这两个圆环体和圆柱体的体积也必然相等。

通过上面的讨论，我们得出由圆盘沿着圆形路径运动所形成的圆环体的体积刚好等于圆盘的面积与路径长度的乘积。因此，假设有一个半径为 a 的圆，其圆心沿着半径为 b 的圆形路径运动，那么所形成的圆环体的体积可以通过计算下式得到：

$$V = \pi a^2 \times 2\pi b.$$

这可以说是帕普斯原理的一个成功应用。在这里，中心的概念再一次发挥了重要的作用。还需要注意的一点是，在运动时圆盘必须总是与其运动方向保持垂直。

和前面一样，通过将由局部的圆环体和圆柱体组成的路径作为近似值，我们也可以将此结论推广到空间中的任意路径。因此，任何由圆盘垂直地沿着穿过其圆心的路径运动时所形成的物体，其体积总能够通过将圆盘的面积与路径长度相乘得到。

帕普斯在此基础上又迈出了重要的一步，他用任意的平面形状替换了圆盘，更进一步地推广了这一结论。

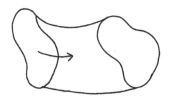

让我们设想，有一个固定大小的平面形状在空间中运动，该形状总是与它的运动方向保持垂直，由此形成了一个模样古怪的物体。帕普斯发现，即使是这样的物体，它的体积也同样遵循我们前面所得出的模式：其体积等于该平面形状的面积与某一路径长度的乘积。自然，这里的路径指的是这个平面形状的平均点所经过的路径。但是，平面形状的平均点到底又是什么意思呢？

对于圆形或者正方形这样的对称形状，我们有一个很明确的候选项，那就是形状的中点。但对于那些不对称的形状，中点又是哪里呢？

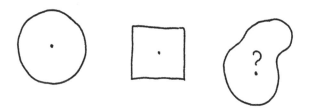

结果表明，无论一个物体有着什么样的形状，我们都有一种方法来定义它的中点。中点甚至还有一个很好的物理性质，那就是：如果你将

手指放在中点的位置上托起一个物体，那么该物体将会处于平衡状态。每种形状都只有一个这样的点，我们称之为**形心**（与此相对应的物理概念是质心）。几何学家的问题就是怎样才能使这个概念具有纯粹的抽象意义，因为几何物体都是我们想象出来的，实际上它们并没有质量或具有平衡的能力。能够找出形心是令人惊奇的，但想要解释清楚却并不是那么容易。我想，还是将下面的问题当作一个不错的开放性研究题目，留给你来完成吧。

> **我们应该怎样定义一个形状的形心呢？在帕普斯定理成立的情况下，我们能够给出形心的定义吗？**

总之，重点是每一个物体都有一个形心，而帕普斯的伟大发现则是：由平面形状的运动所形成的立体物体的体积，正好等于这个平面形状的面积与其形心运动轨迹长度的乘积。（当然，前提是必须要满足下面两个条件：一是形状始终与其运动方向保持垂直，二是不存在由于急剧地转弯而产生了自相交。）值得注意的是，前面我们关于运动的树枝的发现也符合这个更一般的原理，因为树枝的形心就是它的中点。

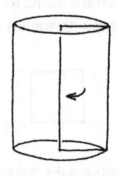

请证明帕普斯定理也适用于由矩形旋转一周而成的圆柱体。

最后，让我们来谈谈表面积的问题。我们怎样才能够度量出圆环体的表面积呢？这一次，我们感兴趣的只是面包圈最外层的皮。需要指出的是，是圆形本身的运动轨迹形成了这层皮，而不是圆盘。换句话说，是圆周上的点运动一周最后形成了我们想要度量的表面积。

结果再一次表明，该表面积和圆形笔直运动时一样，即圆环体的表面积等于运动的圆的周长与中间路径长度的乘积。因此，前面我们所讨论的圆环体的表面积可由下式计算得出：

$$S = 2\pi a \times 2\pi b.$$

一般来说，由平面形状的运动轨迹所形成的立体形状的表面积，等于该平面形状的周长与某一特定点的运动路径长度的乘积。（我们假设该形状沿着路径运动时自身并不旋转。）在这里，起作用的并不是该平面区域的形心，而是周界的形心。

对于圆形或其他对称的形状，这两个中心的概念通常会重合。但在一般情况下，这两者并不重合。为了让你有一个大致的了解，让我们设想有两个由同一个平面形状所形成的物理模型。其中，有一个全部由固体金属组成，而另外一个只是表面用这种金属包裹，其内部则填充一种轻得多的材料。因此，这两个模型的平衡点并不必然相同。这听起来可以作为另外一个不错的研究题目。

我们应该如何定义周长的形心？

我希望这个题目并没有使你太灰心，让你感觉无从入手。的确，这些想法非常深奥，也很难解释清楚。同时，这些想法又是如此美妙，我希望你也能品尝品尝它们的味道。

一个直角三角形绕直角边旋转一周可以形成一个圆锥体。假设
帕普斯定理是正确的，请问该直角三角形的形心在哪里？
你能够找出半个圆盘的形心吗？半圆形的形心又在哪里？

17

　　截至目前，我们所讨论的形状，比如正方形、圆形以及圆柱体等，实际上都是一些比较特殊的形状。它们都有以下的特点，那就是简单、对称、容易描述。换句话说，它们都很漂亮。事实上，我之所以用了"漂亮"一词来形容，是因为它们的确都很容易描述。那些看起来最让我们赏心悦目的形状，恰恰正是那些只需要用最少的语言就能够描述的形状。在几何学中，正如在其他数学分支中一样，简单即美。

　　但要是遇到一些更复杂并且不规则的形状呢，我们又该怎么办？我想，对于这些形状，我们还是需要处理的。毕竟，大部分的形状并不都是这样简单、漂亮。如果只是将视野局限于这些最精致的物体，那么我们肯定会因此而迷失了大的方向。

　　就拿多边形来说吧。截至现在，我们所讨论的几乎清一色全都是正多边形（即那些所有边相等、所有角也相等的多边形）。当然，这些形状肯定是多边形中最漂亮的。但需要注意的是，还有更多不是正多边形的多边形。下图就是一个不是很规则的多边形。

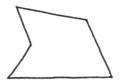

当然，像这样的多边形更复杂一些，我们也将不得不付出更多的努力。这更多的努力指的是我们需要更强大的技术——不好看的形状描述起来也很棘手。尽管如此，对于正在讨论的这个多边形，我们还是需要用某种方法来精确地描述它。如果我们只是用"看起来像是一顶帽子"这样的句子来描述一个形状，那么要想度量该形状或交流对该形状的看法是不可能的。

描述一个特定多边形的最自然的方法，就是列出该多边形所有角的大小和所有边的长度（当然我们需要按照正确的顺序）。这样的信息就像是一幅蓝图，它能准确地确定我们想要表示的多边形。

当然，如果你喜欢，我们也可以认为多边形是由路程和转弯构成的一个序列，而我们自己正沿着多边形的边界在行进。

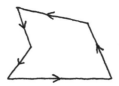

所有这些转弯的外角相加，其和正好是一个完整的周角。当然，在记录是向左转弯还是向右转弯时，我们必须要注意，因为这两者的取值符号相反。比如，如果我们沿着逆时针的方向行进，那么将向左的转弯记为正值而将向右的转弯记为负值的做法就是比较合理的。这样处理之后，所有外角相加，总和就是一个完整的周角（逆时针方向）。

一个多边形的所有内角相加，总和是多少？

无论采用什么样的方式来描述不规则的多边形，终归我们还是需要度量它的。比如，假如已知一个多边形的各角度数和各边长度，我们将会怎样去计算这个多边形的面积？

更糟糕的是，假如使用这样的方式来描述一个形状，很有可能我们得到的不是一个多边形。比如，可能会有两条边相交于边中间的点而不是端点，或者有些边在端点不能够闭合。

那么要是遇到这样的形状，我们应该如何处理呢？我们也能够称它们为多边形吗？当我们使用"多边形"一词时，我们到底想表达什么意思呢？当然，这仅仅是一个术语的问题，这里的问题并不涉及什么是正确的，而在于什么用起来更方便。

让我们扩展一下"多边形"这个词的意义吧，使它也能够涵盖上面我们所提到的这些新形状。进行这样的扩展之后，至少我们可以将任何边长和角度的序列看成是多边形。如果一个多边形的各条边首尾相连，我们称这样的多边形是**闭合的**；如果一个多边形的各条边不相交，我们则称这样的多边形是**简单的**。因此，前面我们称为多边形的形状，现在我们应该称之为简单闭合多边形。

总之，由此产生了下面这个有意思的问题：如果已知一个多边形的各边长度和各个角度，我们应该怎样判断该多边形是简单的或是闭合的？

这里的关键是，角度和边长并不是完全独立的——它们之间有着微妙的关联。比如，如果我们想要一个多边形是闭合的，那么我们就必须对它的边长和角度做出一些限制。

**如果一个简单闭合四边形的所有角都是直角，那么它的边长必
须满足什么条件？**

一般来说，处理多边形的最好策略是将它切分成几块，我们称之为多边形的**剖分**。特别地，我们总是能够将一个多边形剖分成多个三角形。

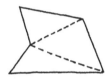

剖分能够帮我们将任何关于多边形的问题转化为关于多个（数目有可能很大）三角形的问题。例如，简单闭合多边形的面积就等于所有剖分出的三角形的面积之和。想要理解多边形，其实我们只需要理解其中最简单的一种——三角形。这真的很不错！无论如何，我更愿意多花精力去思考三角形。道理很简单，相比较而言，三角形更简单，而简单总是要比复杂好。

**请简短地列出几个长度和角度。为了判断由此得到的多边形是
否闭合，你需要解决哪些三角形问题？**

**给定三角形三条边的中点，我们能够根据这三个中点画出原来
的三角形吗？如果是四边形，情况又会怎样？**

⚜ *18* ⚜

对三角形的研究，我们称之为**三角学**（trigonometry，希腊语"三角形度量"的意思）。三角学主要研究三角形的各个量之间的相互关系——角度、边长和面积。例如，三角形的面积怎样取决于它的三条边？三角形的各条边与各个角之间又有什么样的关系？

关于三角形，第一件值得我们注意的事情是，三角形完全由它的三条边决定。如果你告诉我三条边的长度，那么我就能够准确地知道你说的是哪个三角形。与其他多边形不同，三角形具有稳定性。

是否任意的三条边都能够组成一个三角形？

假定我们有这样一个三角形，它的三条边长分别是 a、b 和 c（当然，这三条边是在选定一个合适的单位后度量出来的）。

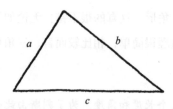

那么，该三角形的面积是多少呢？无论该面积是多少，可以肯定的是该面积只取决于边长 a、b 和 c。既然边长唯一地决定了这个三角形，边长肯定也决定了它的面积。另一方面，三角形的周长则简单地是三条边相加之和。那么，面积是否也有一个类似的代数表达式呢？如果有的话，面积表达式又是多少？更为重要的是，我们怎样才能够求出该面积表达式？

让我们用一种自然的方法开始面积表达式的探索吧。首先，从三角形上边的顶点向底边作一条垂线。

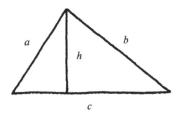

我们称该垂线为高 h。于是，三角形的面积 A 就可以表示为

$$A = \frac{1}{2}ch.$$

这样，问题就变成了怎样用边 a、b 和 c 来表示高 h。

在我们开始之前，我想谈一谈我们应该抱有什么样的期望。我们的问题是，在已知三条边的情况下求出一个三角形的面积。在平等地对待三条边的意义上，这个问题可以说是完全对称的；三条边中，并没有哪一条边更"特殊"。特别是，这个问题本身并没有涉及底边。这意味着，在代数上，无论最终的面积表达式是怎样的，符号 a、b 和 c 在表达式中必然是对称的。比如，如果我们交换其中所有的 a 和 b，那么表达式肯定会保持不变。

另外我们注意到，由于等比例缩放对三角形面积的影响方式，我们所得出的面积公式必然是二次齐次式。也就是说，如果我们用放大后的边长 ra、rb 和 rc 替换原来的边长 a、b 和 c，那么这必然会使整个表达式的值扩大 r^2 倍。因此，我们可以期望由 a、b 和 c 所表示的面积表达式将会是对称的和齐次的。比如，它可能看起来是这个样子 $A = a^2 + b^2 + c^2$。

但遗憾的是，该表达式可能并不会这样简单。接下来，就让我们去看看它的庐山真面目。

注意到高将底边分成两部分，我们令这两部分分别是 x 和 y。这样，原始的三角形就被切分成了两个直角三角形。

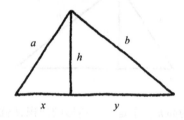

运用毕达哥拉斯定理，我们就能够得出关于 x、y 和 h 的等式。但愿我们能够从这些关系式中获得足够的信息，从而求解出 x、y 和 h。我们有以下等式成立：

$$x + y = c,$$

$$x^2 + h^2 = a^2,$$

$$y^2 + h^2 = b^2.$$

这看起来有点像天书。等式中有这么多的字母和符号，我们必须在头脑中牢牢记住每一个字母或符号的意义和状态。其中，a、b 和 c 表示原始三角形的三条边，假定它们各自的取值我们从一开始就知道。另一方面，符号 x、y 和 h 则是未知的，它们各自的取值我们目前并不知道。我们必须求解上面的方程组，从而得出这些未知数。这样，我们才能用 a、b 和 c 来明确地表示 x、y 和 h。

一般来说，只要有足够的方程，这样的问题几乎总是能够解决的。一个不错的经验法则是，要想求解这样的方程组，方程的数目至少要等于未知数的数目（虽然这并不能够保证一定可以解出方程组）。回到我们的问题，既然未知数和方程的个数都是三，因此求解该方程是可能的。当然，并不存在如何求解方程的经验法则，而这也正是纯粹的代数技巧的用武之地。

首先，我们需要计算出 x 和 y 的取值。通过重新整理方程，看看你是否能够得出如下等式：

$$x = \frac{c}{2} + \frac{a^2 - b^2}{2c},$$

$$y = \frac{c}{2} - \frac{a^2 - b^2}{2c}.$$

这样，我们就知道了三角形的底边怎样被分成了两部分——高和底边的交点与底边中点的距离刚好为 $(a^2 - b^2)/2c$。该距离是偏左还是偏右，则取决于 a 和 b 哪一个更大。

下一步，我们则要求出高 h。受 h 在方程中出现方式的影响，要是我们处理 h^2 的话，实际上会更容易一些。事实上，为了使问题更简单，我们可以将 x 重新表示为 $(c^2 + a^2 - b^2)/2c$，再利用等式 $x^2 + h^2 = a^2$，由此我们得出

$$h^2 = a^2 - x^2 = a^2 - \left(\frac{c^2 + a^2 - b^2}{2c} \right)^2.$$

注意，这个表达式并不对称。这部分是由于我们选定了 c 作为底边，而 h 则是该底边上的高，所以对 c 的处理与对 a 和 b 的不同（该表达式不对称还因为我们只用到了 x 和 h 之间的关系式，并没有使用涉及 y 的关系式）。

好了，现在我们可以得出面积 A 了。再一次地，在这里处理 A^2 要更方便一些。既然面积的公式是 $A = \frac{1}{2}ch$，因此我们能够得出

$$A^2 = \frac{1}{4}c^2h^2 = \frac{1}{4}c^2a^2 - \frac{1}{4}c^2\left(\frac{c^2 + a^2 - b^2}{2c}\right)^2.$$

只到这一步，我们并不是很满意。虽然我们成功地度量出了三角形的面积，但这样的代数表达式在感官上是无法接受的。首先，该表达式是不对称的；其次，它看起来比较吓人。对于像三角形面积这样自然的事物，会以一种这样难看的方式取决于它的边长，我本能地觉得难以置信。我们肯定能够用一种更好看的形式来重新表示这个难看的表达式。

注意到整个表达式能够写成平方差的形式，那么就让我们从这一步开始吧。表示成平方差的形式后，我们有

$$A^2 = \left(\frac{ac}{2}\right)^2 - \left(\frac{c^2 + a^2 - b^2}{4}\right)^2.$$

为了使等式更简单，让我们在等式两边同时乘以 16 以去除令人讨厌的分母，我们得到

$$16A^2 = (2ac)^2 - (c^2 + a^2 - b^2)^2.$$

现在，等式有了明显的改善。运用平方差公式，我们可以（聪明地）将等式整理为

$$
\begin{aligned}
16A^2 &= \left(2ac + (c^2 + a^2 - b^2)\right)\left(2ac - \left(c^2 + a^2 - b^2\right)\right) \\
&= \left((a^2 + 2ac + c^2) - b^2\right)\left(b^2 - \left(a^2 - 2ac + c^2\right)\right) \\
&= ((a + c)^2 - b^2)(b^2 - (a - c)^2).
\end{aligned}
$$

再一次地，我们又遇到了平方差。这说明，我们可以进一步将等式整理为

$$16A^2 = (a+c+b)(a+c-b)(b+a-c)(b-a+c).$$

好了，现在看起来更像是结果了。我们终于看到了对称，等式现在也变得相当漂亮。

当然，在数学内容上其实我们并没有真正改变任何东西。对于面积怎样取决于边长，这些等式所表达的含义完全相同——面积和边长之间的关系，并没有因为我们做了这些灵活的代数恒等变换而改变。改变的，只是等式相对于我们的含义。是我们自己想要将这些信息整理成看起来更有意义的形式，三角形本身并不关心等式的形式。无论我们选择用什么样的方式去描述，三角形的性质并不会因此而改变。我们可以这样认为，代数学只是心理上的需要，它并不影响真理，它影响的只是我们与真理之间的关系。另一方面，数学关乎的并不仅仅是真理，而是完美的真理。只是得出三角形的面积公式并不足够，我们还需要面积公式很漂亮。现在，我们终于如愿以偿。

最后，为了得出面积 A，我们只需要将表达式除以 16，然后开平方。注意到由于乘积中共有四项，所以除以 16 与每一项都除以 2 等价。因此，三角形的面积公式变成了如下的样子：

$$A = \sqrt{\frac{a+c+b}{2} \cdot \frac{a+c-b}{2} \cdot \frac{b+a-c}{2} \cdot \frac{b-a+c}{2}}.$$

我必须要承认，这个式子看起来有些复杂。不过，在我们匆忙做出结论前，我们必须记住的是，这个公式给出了任意三角形的面积，无论它有着什么样的大小或形状。无论如何，这是一个不小的成就。只要三角形的面积和边长之间存在代数关系，我们就应该感到庆幸，更不用说这个代数关系还是如此简单。相对其作用而言，这个公式实在是相当简练。

事实上，通过引入一个适当的中间变量，我们可以使公式变得更加漂亮。我们引入中间变量 s，令 $s = \frac{1}{2}(a+b+c)$。换句话说，s 代表三角形周长的一半（也被称为**半周长**）。这样，三角形的面积就可以简单地表示为：

$$A = \sqrt{s(s-a)(s-b)(s-c)}.$$

这个漂亮的公式最初出现在古希腊数学家亚历山大港的海伦（Heron of Alexandria，生活于公元 60 年左右）的著作里。正是由于这个原因，该公式也被称为**海伦公式**（事实上，这个公式被发现的时代要比海伦所在的时代古老得多，阿基米德很有可能已经知道了这个公式）。当然，不会有哪一位古典的几何学家会像我们这样探讨这个问题，在他们生活的时代，肯定用不到这么多的代数。我之所以想用这样的方式推导出这个公式，是因为这样更直接，同时也向我们提供了代数与几何相结合的另一个不错的例证。

无论如何，现在我们有了一种度量任意三角形面积的方法。只需要得到三条边的长度，然后将它们代入海伦公式，这样我们就能够求出三角形的面积。例如，如果三角形的三条边长分别是 3、5 和 6，则它的面积是 $\sqrt{56}$。

你能够找出两个不同但其面积和周长却相等的三角形吗？

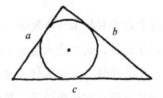

如果一个三角形的边长分别是 a、b 和 c，请求此三角形内切圆的半径。

19

　　在几何学中，我们关注的最基本的问题是长度与角度之间的关系。例如，设想我们走了一段距离，然后拐了一个弯，接着又走了一段距离。那么，现在我们离起点是多远呢？

　　另一种思考该问题的方法是，设想我们将两根树枝的一端握在一起。

　　如果我们将两根树枝分开，增大树枝间的角度，则树枝的另一端会离得更远；反之，使两根树枝靠近，则树枝的另一端将会离得近些。那么，树枝间的角度和树枝另一端的距离之间到底有着什么样的关系呢？这或许才是所有几何问题中最基本的一个问题。

　　当然，我们可以将这个问题看成是一个三角形问题。本质上，我们是在问，三角形的边怎样地取决于它所对应的角。

　　或许，现在是时候该引入合适的三角形标记方法了。这种标记方法用小写字母 a、b 和 c 表示三角形的三条边，而用大写字母 A、B 和 C 表示相应的小写字母所表示的边的对角。具体的标记方法如下图所示：

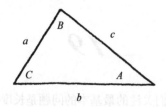

该方法的意义在于，这样我们就可以很容易地记住哪个角和哪个边相对。（当然，我们的想法并不依赖于所使用的具体符号，但交流是否顺畅通常会依赖于我们所使用的符号。）

因此，现在的问题是：给定三角形的两条边 a 和 b，那么另外一条边 c 与其对角 C 之间会有什么样的关系呢？

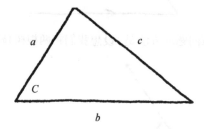

当 C 是直角时，通过毕达哥拉斯定理，我们知道 $c^2 = a^2 + b^2$。但如果 C 并不是一个直角呢？那时情况又会怎样？

首先，让我们假定 C 比直角小，即是锐角。为了得到譬如 c 的长度，通常的做法是从顶点 B 向底边 b 作一条垂线，这样 c 就变成为了直角三角形的长边（即**斜边**）。

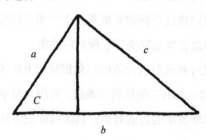

　　事实上，截至目前，我们只有一种度量长度的方法，那就是想办法让一条边变成直角三角形的边。这也是毕达哥拉斯定理如此重要的原因所在。

**　　实际上，还有另外一种度量长度的方法，前面在处理正五边形的对角线时我们曾使用过。那是一种什么方法呢？**

　　和前面一样，让我们称该垂线为高 h，它将底边分成的两部分称为 x 和 y。

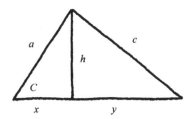

由毕达哥拉斯定理，我们得出

$$c^2 = y^2 + h^2.$$

当然，实际上我们想要得到的是 c 怎样取决于边 a、b 和角 C 的关系式。既然 $x^2 + h^2 = a^2$ 且 $x + y = b$，因此我们可以用 $a^2 - x^2$ 替换 h^2，同时用 $b - x$ 替换 y，由此得到

$$c^2 = (b-x)^2 + a^2 - x^2 = a^2 + b^2 - 2bx.$$

　　注意该等式与毕达哥拉斯定理之间的相似性——项 $2bx$ 必然是对角 C 不是直角时的某种修正。我们应该将该公式看成是对任意角度均适用的广义毕达哥拉斯定理，而不仅仅是只针对直角。

　　当然，该公式目前的形式并不能令人满意，其中有两个最显著的原因：一是公式中的 a 和 b 并不对称（而它们应该是对称的），二是角 C 并没有在公式中出现。本质上，现在的问题就变成了长度 x 到底是多少。

下面，让我们更进一步地看看这个涉及边 x、a 和角 C 的直角三角形。

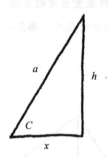

值得注意的是，角 C 和斜边 a 完全地决定了这个直角三角形。事实上，只需要知道角 C 我们就已经足以将该直角三角形确定下来。这是因为，三角形的三角之和总是等于半个周角，如果我们知道了直角三角形中的一个锐角，那么我们自然也就知道了另外一个锐角。

特别地，这意味着我们所讨论的三角形可以通过对一个角为 C 而斜边为 1 的直角三角形进行等比例缩放（缩放系数为 a ）而得到。

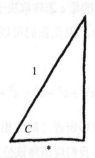

因此，为了求出 x，我们只需要将标记为*的边的长度乘以缩放系数 a。所以 $x = a*$，三角形第三边的公式也变成为

$$c^2 = a^2 + b^2 - 2ab*.$$

这里的关键是，边*的长度只取决于角 C ，而与边 a 和 b 无关。现在等式变对称了，同时也揭示了边 c 只取决于另外两条边。我们剩下的任务，就是要解决边*怎样精确地取决于角 C 的问题。值得注意的是，这个问题只涉及直角三角形，与我们从一开始就讨论的原始三角形无关。

这里，有一些很有意思的地方。关于一般三角形的问题，现在已经简化成了关于直角三角形的问题。这是一种普遍模式的一部分：将多边形简化成三角形，再将三角形简化成直角三角形。只要我们能够搞清楚直角三角形，理解多边形的方方面面就不再是问题。

现在，我们遇到了如下的基本问题：已知直角三角形中一个角的角度，且其斜边为1，则它的两条直角边分别是多少？

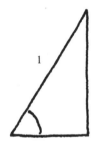

直角三角形的直角边，我们有时称之为股。在我们的例子中，两条股的长度仅取决于该角的度数。垂直方向的股，即该角的对边，一般我们称之为该角的**正弦**（如果将三角形看成是你的鼻子的话，那么这个部位就是你的鼻窦）。和该角相邻的股，我们称之为该角的**余弦**。我想，实际上我的意思是，正弦和余弦都是股的长度，而不是股本身。（当然，既然我们一直都对这样的差别不怎么区分，为什么现在又在开始担心呢！）

同时，我们也可以认为正弦和余弦都是比例。

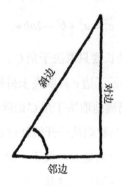

一个角的正弦是它的对边和斜边的比值，而余弦则是该角的邻边和斜边的比值。无论斜边是否为单位长度，该结论都是成立的；同时该角度决定了此直角三角形的形状，而这两个比值则与缩放比例无关。

直角三角形两个锐角的正弦和余弦之间有着什么样的
关系？

总之，结论是：每一个角都对应着一对仅仅取决于该角的数值，即正弦和余弦。如果这个角是 C，通常我们会用 $\sin C$ 和 $\cos C$ 分别表示这个角的正弦和余弦。有了这样的术语，现在我们可以将公式改写为：

$$c^2 = a^2 + b^2 - 2ab\cos C.$$

这就是广义的毕达哥拉斯定理，它将一个三角形的第三边与其余两条边以及它们之间的夹角关联了起来。当然，该定理真正的作用只是将一般的三角形问题转化为直角三角形的问题，而我们仍然需要计算出这个夹角的余弦。同时，需要注意的是，实际上我们在这里有一个假设，就是角 C 比直角小，即是一个锐角。但如果 C 不是锐角，情况又会怎样呢？

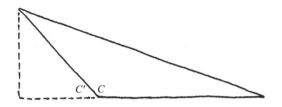

当然，我们仍然可以作同样的垂线，只不过这一次该垂线落于三角形的外面且出现了一个新角 C'，该角与原来的角 C 相邻。

请证明，在上图所示的情况下，我们如下的式子有成立：

$$c^2 = a^2 + b^2 + 2ab\cos C'.$$

因此，对于更大的钝角，毕达哥拉斯定理基本与前面相同，只是不再是减去修正项 $2ab\cos C$，而是加上修正项 $2ab\cos C'$。

到这里，取决于角 C 是小于、等于或者大于直角，我们似乎是遇到了三种不同的情况（也有三个不同的公式）。遇到这样的事情，总是会令人难堪；毕竟，一端钉在一起的两根树枝可以随意地打开再合上，而它们另两端之间的距离也会不停地变化。难道就没有一个更好的、简单的模式吗？

一种解决方法是，我们直接灵活地运用定义。既然 $\cos C$（目前）只是在角 C 小于直角的时候有定义，那么当角 C 大于直角时，我们就可以赋予它任何我们希望的意义。我们的想法是，重新定义 $\cos C$，使毕达哥拉斯定理在上述的三种情况下都能够成立。也就是说，我们可以让模式来决定我们对意义的选择。这可以说是贯穿整个数学的重大主题，我们甚至可以说这就是艺术的本质——听从模式的号召，并相应地调整我们的定义和认知。

如果要这样处理，首先，我们需要将直角的余弦定义为 0（这样我们就重新找回了通常的毕达哥拉斯定理）。然后，比较奇怪的是，当角 C 大于直角时，我们将 C 的余弦定义为角 C' 余弦的相反值，其中角 C' 与角 C 相邻，是角 C 的补角。

这里，我们所做的其实是扩展余弦的定义。最开始，我们将一个角的余弦定义为与该角相邻的直角边的长度。现在，当角 C 太大不能够在直角三角形中存在时，我们也给出了 $\cos C$ 的含义。之所以这样做，是因为我们想要有一个统一的模式，而不是三个不同的模式。但更重要的是，我们让数学表达出了它自己的想法。凭着我们对角度和长度的需求的敏锐感知，我们知道数学希望余弦能够进一步扩展，并且得知数学所需要的是什么样的广义余弦。现在，到了我们运用自己的洞察力来协调这三种不同的情况时候了。

一种方法是，设想有一根和地面之间有一定角度的树枝（假设该树枝是单位长度）。

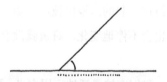

取决于这个角度的大小，树枝影子的长度可能会或长或短（这里，我们假设想象中的太阳刚好位于头顶）。事实上，我们可以看出影子的长度正好是我们定义的该角的余弦。

我们发现，随着角度的增大，影子会变得越来越短，直到树枝直立时（此时树枝与地面成直角）影子的长度变为零。如果我们继续扳动树枝，则影子又会重新出现，只不过这一次是在另外一边，现在影子的长度变成了该角的补角的余弦。

因此，思考扩展后余弦定义的一种不错的方法是，我们可以将角的余弦重新定义为单位长度树枝的影子，这一次我们不仅会记录影子的长度，还会记录影子的方向。也就是说，当影子与角度在同一方向时，我们将它记为正数，而当影子与角度的方向相反时，我们则将它记为负数。这样重新定义余弦之后，对于所有的角度，我们都有一个统一的毕达哥拉斯定理：

$$c^2 = a^2 + b^2 - 2ab\cos C.$$

我们从这个公式中可以得知这样一件事，即角度和长度并不是直接相关的，角度的信息必须要间接地通过余弦来传递。这就好比角度与长度在做一项交易，但角度需要余弦这样一个代理人在交易中代表自己。由于角度和长度各自生活在不同的世界中，也说着不同的语言，因此正弦和余弦就可以看作是一本双语字典，将角度的度量兢兢业业地翻译成长度的度量。

请证明：如果三角形的两条边长分别是 a 和 b ，且两边夹角为 C，则其面积为 $\frac{1}{2}\,ab\sin C$.

正四面体相邻两个面之间的角度是多少？其他正多面体的情况又是怎样？

请证明，我们可以用正八面体和正四面体填充满整个三维空间。

你还能够找出其他使用对称多面体填充满整个三维空间的方法吗？

20

给定一个角（假定我们用相对于周角的比例来表示这个角），我们怎样才能够计算出它的正弦和余弦呢？或者反过来，如果我们知道了一个角的正弦和余弦，我们又该怎样求出这个角呢？

有一些角的正弦和余弦计算起来相当容易，比如，其中一个角为 $\frac{1}{8}$（或者说 45 度）的直角三角形，就是正方形的一半。

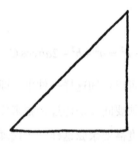

这表明，这个角的正弦和余弦都等于正方形的边长与对角线之比，即 $\frac{1}{\sqrt{2}}$。

周角的六分之一即 60 度角的正弦和余弦分别是多少？

顺便说一句，结果表明，同时知道一个角的正弦和余弦有点多余；事实上，只要知道了其中的一个，我们就能够推断出另外一个。正弦和余弦之间的关系来自于毕达哥拉斯定理。你能够想出它们之间会有什么样的关系吗？

一个角的正弦和余弦之间有着什么样的关系？

叙述到这里，我们会很自然地想到去做这样一件事，那就是着手去编制包含各个角度的正弦值和余弦值的表。事实上，天文学家和航海家早在六百年前就已经这样做了；海船通常会航行很长的一段距离，因此客观上就需要航海度量比较精确。

当然，在那种情况下，你需要的其实只是近似值。45 度角的正弦大约是 0.7071，这样的近似值对于一般的实际用途而言已经足够了。然而，对于学术性的研究比如几何学来说，这样的近似值是不能够满足要求的。如果我们想要度量那些想象中的完美形状（事实上，我们的确想要这样做），那么我们就必须精确地计算出正弦和余弦。

遗憾的是，这件事做起来比较困难，即使当这个角刚好是一个周角的几分之几时，情况仍然如此。比如，$\frac{3}{13}$ 的正弦和余弦，看起来就相当不美观。虽然我们能够用各种方根来表示这两个值，但毫无疑问的是，它们都是无理数，而这样的图景显然算不上美好。直接称这两个值为 $\frac{3}{13}$ 的正弦和余弦反而更好。

更糟糕的是，如果这个角本身就难以表示，比如说是周角的无理数倍，那么它的正弦和余弦通常都会是超越数。这就意味着，对于这些值，我们没有任何代数方法可以用来表示它们。和 π 一样，对于像 $\frac{1}{\sqrt{17}}$ 的正弦这样的数值，我们根本没有任何选择的余地，只能够承认没有更简洁的表示方法了。再一次，我们不得不扩展我们使用的语言，并学习更好地发挥它的作用。

当我们试着通过正弦和余弦来确定一个角时，类似的事情再一次发生了。例如，在边长为漂亮的 3、4、5 这个直角三角形中，其中一个角的正弦为 $\frac{4}{5}$ 而余弦为 $\frac{3}{5}$。

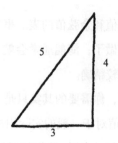

那么，这个角是多少呢？它占周角的比例又是多少？遗憾的是，结果表明，这也是一个超越数。这就是说，"正弦为 $\frac{4}{5}$ 的角"这样的描述，不会亚于我们能够得到的任何描述。想通过对 3、4 和 5 这几个数进行有限次的代数运算从而度量出这个角度，根本就是不可能的。

总的来说，这样的情况令人相当沮丧（也有些尴尬）。在前面的章节中，我们成功地将任意多边形的度量问题简化为下面这个基本问题：一个角的正弦和余弦怎样地取决于这个角本身。然而，现在我却告诉你，（在一般情况下）这个问题是无法从根本上解决的。这并不是说，就不会存在某些漂亮的角（如 $\frac{1}{8}$ 或者 $\frac{1}{6}$），它们的正弦值和余弦值就能够用代数表示。不过，这样的角的确只是很小的一部分。

关于这样的情形，我想其中有趣的是，我们能够提出完全自然的几何学问题，但我们自己却回答不了。而且，我们可以证明它们是无法回答的。换句话说，我们知道了有些事情是不可知的。或许，这也并不是那么让人沮丧——相反，这是人类的一个相当了不起的成就。

当然，我并没有仔细解释，我们是怎样知道这些事情的。让我来说这样这样的数是超越数，这当然很简单；然而，让我向你证明为什么是这样则是另外一回事了。

所以我处在了一个很不幸的境地。诸如"π 是超越数"或者"$\sqrt{2}$ 是无理数"这样的表述，虽然我没有向你具体地解释其中的原因，但我很希望你能理解这些表述中的积极的一面。当我和我的数学家同行说有些事情是不可能的时，无论是 π 不能够用代数方法表示，还是不存在平方为 2 的分数，对于这些我们做不了或无法拥有的东西，我们并没有那么悲观。我要强调的是那些我们所拥有的东西：事情原因的解释。我们都知道 $\sqrt{2}$ 是无理数，也理解它为什么是无理数。事实上，我们有完全合理的解释——那就是前面的章节中毕达哥拉斯关于偶数和奇数的论证。

几个世纪以来，和其他艺术形式一样，数学的研究也已经有了相当的深度。它的许多研究成果都非常复杂，要想正确地理解和欣赏这些成果，我们必须要经过多年的学习和训练。不幸的是，π 的超越性就属于这种情况。的确已经有不少的证明，甚至其中有些证明相当漂亮，但这并不意味着，在这里我可以很容易地向你解释清楚。我想，在现阶段，你还是相信我的话就好。

你能够利用正五边形计算出五分之一周角的正弦和余弦吗？

那么，我们想从三角学中得出什么呢？在最好的情况下，我们希望能够利用三角学解决任意给定的三角形的所有度量问题。一旦我们知道了三角形的各个角度、各边长度以及它的面积，我们就可以声明，已经对这个三角形进行了完整的度量。当然，为了明确讨论的到底是哪一个三角形，我们必须要知道其中的一些量才可以开始。

那么，我们到底需要多少信息呢？为了准确地确定一个三角形，什么样的角和边的组合信息就足够了呢？实际上，有下面这样几种可能性。

已知三条边。在这种情况下，三角形肯定是唯一确定的。然后，我们就可以运用广义毕达哥拉斯定理计算出各个角（或者至少是各个角的余弦，两者在意义上等价，并且这是我们完全可以得到的）；同时，运用海伦公式我们可以直接用三条边计算出三角形的面积。因此，在这种情况下，我们总是可以完整地度量这个三角形。

已知两条边。通常，只知道两条边的话，我们是不能够确定一个三角形的，除非我们还知道一些额外的角的信息。如果我们知道了两条边的夹角，或者至少是夹角的余弦，然后运用推广的毕达哥拉斯定理，我们就能够求出另外一条边。这样，就回到了第一种情况，因此，我们能够完整地度量这个三角形。不然的话，如果我们只知道一个不是夹角的角，那么我们并不能够唯一地确定这个三角形。你明白其中的原因吗？

为什么在一般情况下，只知道两条边和一个不是夹角的角，并不能够确定一个三角形？

当然，如果我们知道三角形的两个角，那么情况就完全不同了。既然一个三角形的三个角之和总是等于半个周角，那么知道了其中的两个角也就相当于知道了全部的三个角。特别地，如果我们知道了两条边和两个角，那么我们就能够知道这两条边的夹角。因此，又和上面的情况一样，我们能够确定这个三角形。

已知一条边。这种情况下，信息严重地缺乏，我们必须要知道所有三个角。只知道一条边和一个角，并不能够满足我们的要求。另一方面，要是知道全部三个角，我们就能够确定这个三角形的形状。不过，完整的三角形则还取决于缩放比例。这种情况下，只要知道三角形的任意一条边，我们就能够完全锁定这个三角形（当然，我们也需要确定哪条边和哪个角相对）。这样，接下来的问题就是计算出另外两条边的长度。那么，在已知三角形的三个角、一条边的情况下，我们应该如何计算出另外两条边呢？

运用比例的思路来处理这个问题，可以说是一种比较优雅（同时也很对称）的方法。我们真正需要知道的只是各边相互之间的比例，然后如果再知道任意一条边的话，我们就能够很容易地计算出另外两条边。比例的好处是，它与等比例变换无关，它只取决于三角形的各个角。所以让我们重新表述一下我们的问题：已知一个三角形的三个角，我们怎样能够确定各条边之间的比例？

如果用我们的标记惯例，其实我们提的问题是：$a:b:c$ 的比例怎样取决于角 A、B 和 C。

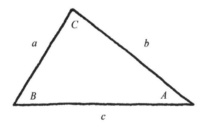

显而易见，更长的边会对应更大的对角；现在的问题是，除了这样的表述，我们是否还能够有更准确的表述？

既然处理的是角度和长度，我们自然会期望正弦和余弦能够出现。好在事实上它们也的确出现了。三角形的边和它的对角之间的关系，可以算是几何学中最美妙的模式之一：边的长度和对角的正弦成正比。换句话说，即

$$a:b:c = \sin A : \sin B : \sin C.$$

这个结论，我们通常称之为**正弦定理**（而广义毕达哥拉斯定理，人们则通常称为余弦定理，不过我觉得这个名字取得很不好）。

为了搞清楚为什么这个结论是正确的，让我们作一条三角形的垂线。

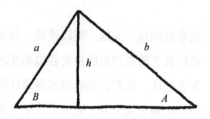

注意到高 h 同时是角 A 和角 B 的对边。这说明，

$$\sin A = \frac{h}{b},$$

$$\sin B = \frac{h}{a}.$$

用第一个等式除以第二个等式，我们有

$$\frac{\sin A}{\sin B} = \frac{h/b}{h/a} = \frac{a}{b}.$$

因此，$a:b = \sin A:\sin B$，即两条边的边长和它们对角的正弦成正比。这个结论和广义毕达哥拉斯定理一起，让我们看到了角度是怎样通过正弦和余弦来传递长度信息的。我喜欢目前这个样子的结论，因为它很对称。

说到这里，我意识到，这个结论成立的前提条件是所有的角都是锐角（即小于直角）。如果三角形有一个角是钝角，又会有什么样的情况发生呢？对于这样的三角形，正弦定理仍然适用吗？就这个问题而言，我们想要这样一个角的正弦去表达什么意思呢？

我们应该怎样定义钝角的正弦？我们能够给出一个定义使得正弦定理成立吗？

通过运用正弦定理、广义毕达哥拉斯定理和海伦公式，现在我们终于可以完整地度量任意三角形了——至少在下面这个意义上，即我们可以将任意三角形（因此也是任意多边形）的度量问题简化为一堆角的正弦和余弦的求值问题。不过，由于正弦和余弦的超越性，通常我们的探索不得不在这里止步，除非有一些意外的对称或巧合发生。这样，三角学的目标就不再是去计算这些数值，而是去发现这些数值之间的模式和关系。

一个角的正弦和余弦与是它两倍的角的正弦和余弦有着什么样的关系？

叙述到这里，我必须要指出，我们所讨论的所有关于多边形的方法也都适用于三维的多面体。特别是，我们总是可以把一个多面体剖分成不同的四面体，而四面体都可以用三角形度量。这样，所有关于多面体的问题就都可以归结为正弦和余弦的问题。

请证明，如果一个三角形的两条角平分线长度相等，则此三角形必然是等腰三角形。

有这样一个圆内接四边形，它的四条边分别是 a、b、c 和 d，请证明该四边形的面积可以通过婆罗摩笈多公式求出，即

$$A = \sqrt{(s-a)(s-b)(s-c)(s-d)} \text{，其中 } s = \frac{1}{2}(a+b+c+d).$$

22

那么，还剩下哪些形状需要我们去度量呢？答案是，大部分的形状。实际情况是，绝大多数的形状，我们都还没有开始处理呢。截至目前，我们所讨论的所有形状都有一些比较特殊的性质，比如边是直的或者形状是对称的，使得这些形状有别于大部分的形状，也因此显得不是那么典型。大多数的形状并没有这样的性质，它们既不对称，也很难看，而且还是弯曲的，丝毫看不出有什么特别吸引人的地方。

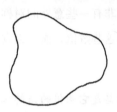

既然这样，我们为什么要去度量这样的形状呢？为什么我们（其实指你们）要花费宝贵的时间和精力去试着理解这样难看的形状呢？退一步说，即使我们有这样的意愿，我们又该怎样做呢？像这样不规则的弯曲形状，我们尚且不知道要怎样去描述呢，更不用说要去度量了。就这一点来说，我所说的"这样的"又是什么意思呢——它是哪样的呢？我在这里讨论的到底是什么样的形状呢？

如果我是在做一些实际的事情，我就可以简单地说"如下图所示的形状"，这样也就可以了。图本身就是形状，而我们可以通过它做一些粗略的度量。

然而，在数学中，图并不起什么作用。图作为我们所生活的物理世界的一部分，用一幅图去指代一个特定的数学对象，会显得很粗略同时也不准确。而且，这并不仅仅是准确性的问题。用激光刻在金子上的圆，即使其直径的偏差只有十亿分之一英寸，它还是与幼儿园里的孩子画在美术纸上的圈一样——如果不是更甚的话。这两者都不是真正的圆。

对我们而言，重要的是要明白，图和其他类似的模型都是由原子组成的，而原子并不是想象中理想的点。特别地，这意味着，图是不能够准确描述任何事物的。当然，这并不是说图完全没有作用；我们必须要清楚，图的作用并不是确定或者定义某个形状，而是激发我们的创造力和想象力。美术纸上的圆或许并不是一个真正的圆，但它仍然可能给我一些启发。

那么，我们要怎样去描述一个特定的不规则的弯曲形状呢？这样的形状肯定包含无穷多个点，与多边形不同的是，这些点的任何有限集合都不足以将该形状确定下来——我们需要的是所有这无限个点组成的序列。然而，如果我必须要提供所有这无穷个点的信息的话，我又该怎么样去思考这个形状呢？又或者该如何告诉你这个形状呢？现在，问题不再是我们想讨论什么样的形状，而是我们能讨论什么样的形状。

令人不安的事实是，大部分的形状都不在我们能讨论的范围内。它们静静地待在那里，只是我们没有办法提到它们。作为人类的一员，我们的生命有限，使用的语言也有限，我们能够处理的数学对象只能是那些可以用有限的语言描述的。而无穷多个随机飞溅的点，则是我们描述不了的；同样，随机曲线我们也描述不了。

上一段中，其实我是在说：形状都是由无穷多个点组成的，只有组成形状的这无穷多个点有某种模式，使得我们可以用有限的方式去描述，这样的形状才是我们唯一能够准确描述的。我们之所以能够讨论圆形，并不是因为幼儿园里的圆形剪影，而是因为我们可以将圆描述为"到定点的距离等于定长的所有点所组成的形状"。既然圆上的点有如此简单的模式，我也就用不着告诉你它上面每一个点所在的位置，我只需要告诉你它们所遵循的模式。

我的观点是，这就是我们所能做的全部。我们唯一能讨论的就是那些有模式的形状，是模式本身（可以用有限的语言中的有限的词语去表述）定义了形状。那些没有特殊模式的形状（我恐怕绝大多数的形状都是如此）永远不会被人们提及，更不用说被人们度量。我们能够思考并能向他人描述的事物的集合，从一开始就受到了人类自身的认知能力的限制。实际上，这可以说是贯穿数学的一个主题。比如，我们只能够讨论有模式的数字，大部分的数字永远也不会被我们提及。

因此，与其说几何学关注形状本身，不如说几何学更关注定义形状的文字模式。几何学的中心问题便是，借助这些模式去获得度量结果——毕竟数值本身也必然需要用文字模式给出。在前面的章节中，我们讨论了多边形，知道了边长和角度的序列，我们就可以很容易地确定一个多边形；我们也探讨了圆形，圆形也有很简单的模式。那么，我们还能够想到其他的模式吗？还有什么样的描述是可能的呢？除了圆之外，我们还能够讨论哪些曲线呢？

23

在前面的章节中，除了圆之外，我们还遇到了另外一种曲线形状。事实上，这种曲线可以认为是几何学中最古老、最漂亮的形状之一，它就是：椭圆。

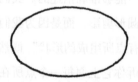

椭圆其实是拉伸之后的圆——在某一方向上按某一特定的比例对圆进行拉伸。它是一个精确的、特定的形状。我想，如果更准确一些的话，我们应该说椭圆是一类具体的形状，因为如果拉伸系数不同，则所得到的椭圆也会不同。如果你愿意，你甚至可以认为圆本身就是一种特殊的椭圆——其拉伸系数为 1!

这里的关键是，椭圆形并不只是随便的一个卵形；它是一种有着特定模式的特殊曲线，也就是前面我们所说的拉伸之后的圆。实际上，结果表明，我们可以用几种不同的方式去描述椭圆。也正是这些不同描述之间的相互作用，让我们可以领略数学的美妙与迷人。

例如，思考椭圆的最佳方法之一，就是以一定的角度去观察一个圆。该方法的另一种等价的说法是，当你用倾斜的平面去截圆柱体时，你得到的就是一个椭圆。

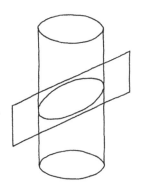

我们知道，当用倾斜的平面去截圆柱体时，我们得到的肯定是某种曲线。但我们怎样就能够确定该曲线一定就是椭圆，而不是其他的卵形曲线呢？而且，倾斜的横截面和拉伸变换之间到底又有什么样的关系呢？

我想，弄清楚这种情况的最简单的方法，就是设想在空间中有两个平面以一定的角度相交。

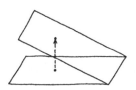

为了讨论的方便，我们可以认为第一个平面是水平的。沿垂直方向往上移动，第一个平面上的任意一点都会在倾斜的平面上有一个对应的点。这样，第一个平面上的任何形状就都可以在第二个平面上变换为一个新形状。

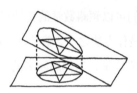

这样的变换，我们称之为**投影**。因此，我们所表达的意思是，椭圆是圆的投影。当然，这是一种全新的概念，我们仍然需要弄明白为什么它是正确的。那么，为什么当我们对圆进行投影时，圆就拉伸了呢?

原因是，投影变换就是拉伸变换，它们是两个完全相同的过程。或者更准确地说，它们是两个有着完全相同结果的不同过程。为了理解这一点，让我们考虑一下这两个平面的相交线。

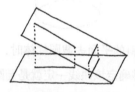

假设在第一个平面上有两根树枝，一根平行于相交线，另一根则垂直于相交线。投影之后，第一根树枝仍然平行于相交线，而且它的长度也没有发生变化。而垂直于相交线的树枝则仍然保持垂直，但它的长度却变长了——投影只拉长了一个方向的距离，而对另一个方向则并没有什么影响。换句话说，投影变换在垂直于两个平面交线的方向上产生了拉伸变换。值得注意的是，随着两个平面夹角的增大，拉伸系数也会变得越来越大。

拉伸系数到底怎样取决于两个平面之间的夹角?

　　还需要注意的是,如果这两个平面碰巧平行,那么投影变换并不会产生任何影响——此时拉伸变换的系数就是1!

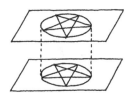

　　无论如何,现在我们又有了一种完全不同的思考拉伸变换的方法。除了将拉伸变换视为某一个平面的拉伸之外,现在我们还可以将它看成是从空间中的一个平面向另一个平面的投影。特别是,任何形状拉伸之后的形状(并不只是圆)都可以看成是用适当角度的倾斜平面去截以该形状为底面的广义圆柱体而产生的横截面。

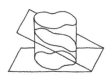

　　我们也可以设想有这样的投影,两个平面中并没有任何一个必然是水平的,点的投影的方向也并不必然是垂直的。换句话说,我们可以从空间中任意选择两个平面,任意选择一个方向,然后我们就得到了一种投影,它可以将一个平面上的形状转化为另一个平面上的形状。

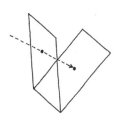

现在的问题是，像这样更广义的投影会对形状产生什么新的影响吗？还是仍然只是对形状进行拉伸？

是否任何方向上的投影总是起拉伸形状的作用？

研究椭圆还有另外一种完全不同的方法，那就是通过通常所说的椭圆焦点的性质来研究。结果表明，在椭圆的内部有两个非常特殊的点，通常我们称之为**焦点**。这两个点有着很奇特的性质，那就是椭圆上的任意一点到这两个点的距离之和总是相等的。

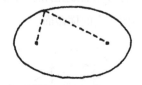

换句话说，当一个点沿着椭圆运动时，该点距两个焦点中任何一个的距离一直在不停地变化，但这两个距离之和却总是保持不变。这就使我们可以用下面这种全新的方式去描述椭圆，即"椭圆是到两个固定点的距离之和是常数的所有点的集合"或者一些类似的表述。有一些人甚至把这样的表述当成椭圆的定义。

当然，无论你是认为椭圆是拉伸之后的圆，而这个圆碰巧有两个很奇特的焦点，还是认为具有两个焦点是椭圆最重要的特征，而巧的是它同时也是拉伸之后的圆，这些都不是太重要。无论你持其中的哪一种观点，我们都有一些工作要去做。我的意思是，拉伸之后的圆是一回事，而有着焦点的曲线则是另外一回事。它们为什么必须要相同呢？更重要的是，我们怎样才能够证明它们是相同的呢？

我对数学的热爱也正缘于此。在数学中，不仅有诸多迷人的未解之谜等着我们去发现，而且还有一些额外的挑战等着我们去完成，譬如理解为什么某一事情是正确的，并匠心独运地给出一个漂亮且合逻辑的解释。你能够同时享受艺术和科学的所有快乐，并且还能够同时把它们装在你的头脑里。

下面，我想向你展示一个非常巧妙的证明（由丹迪林于 1822 年给出），它解释了为什么拉伸之后的圆会有这样的焦点性质。首先，我们将椭圆看成是用倾斜的平面去截圆柱体所得的横截面。

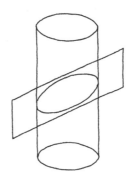

如果我们能够证明此曲线有这样两个焦点，那么这两个焦点到底在什么位置呢？这个问题的答案可以说是非常漂亮。

设想我们有一个其直径与圆柱体的底面直径相等的球 S。从上方将它放入圆柱体中，这样球 S 就会一直往下掉，直到它在 P 点与截平面相切。从圆柱体的下方对另一个球 S' 进行同样的操作，一直往上推直到球 S' 与截平面相切于另一点 P'。

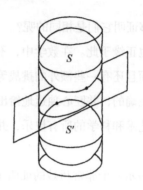

结果表明，P 和 P' 这两个点（球体和截平面相切的点）就是椭圆的焦点。怎么样？这很奇妙吧！

当然，为了确认这两个点就是椭圆的焦点，我们必须要证明无论我们选择了椭圆上的哪一点，该点距这两个点的距离之和总是相等的。假定 Q 是椭圆上的任意一点，并设想有一条直线经过 P 点和 Q 点。

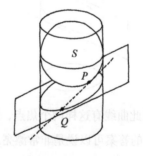

这条直线有一个非常有趣的特点，即它和球 S 只有一个交点，这很是不寻常的。大多数的直线要么和球 S 完全不相交，要么穿过球 S，与球面有两个交点。和球面只有一个交点的直线，我们称之为**切线**（tangent，拉丁语"触碰"的意思）。经过 Q 点和 P 点的直线在截平面上，而该平面和球只有一个交点 P，因此该直线是球 S 的切线。

还有另外一种方法，我们也能够得到球 S 的切线，那就是经过 Q 点作一条垂直的直线，与球 S 相交于球面大圆。

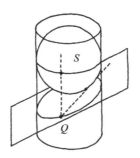

一般来说，经过给定的一点，我们可以作很多条球的切线。有趣的是，所有这些切线的长度都是相等的。

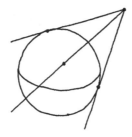

也就是说，无论你选择哪一条切线，从球外这一点到切线与球的切点的距离总是相等的。

为什么经过给定一点的所有球的切线段的长度都是相等的？

特别地，从 Q 点到所谓的焦点 P 的距离与 Q 点到球 S 大圆的垂直距离相等。为了使问题更加简单，在上下两个球大圆的位置上，我对圆柱体进行了水平的切割，切割后的圆柱体中只包含两个半球，如下图所示：

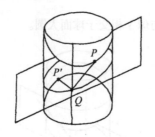

　　这样，前面我们所表达的意思就可以重新表述为：从 Q 点到 P 点的距离等于从 Q 点到圆柱体顶端的距离。类似地，则从 Q 点到 P' 点的距离必然也与从 Q 点到圆柱体底端的距离相等。

　　这说明，从 Q 点到 P 点和 P' 点的距离之和必然与圆柱体的高度相等，而此高度与 Q 点所在的位置无关。所以椭圆的确有这样的两个焦点，椭圆上的任意一点到这两个焦点的距离之和总是相等的。上面漂亮的论证向我们证明了这一点，这真是一个很有创造力的证明！

　　那么，人们又是怎样想出如此巧妙的证明的呢？我想，《包法利夫人》或者《蒙娜丽莎》这样的艺术杰作，也是用同样的方法创造出来的吧。说句心里话，我并不知道这样的构思是怎样产生的，我只知道，要是哪一天我有了这样的想法，那一定是上天在眷顾我。

圆可以看成是一种特殊类型的椭圆。那么，它的两个焦点又在哪里呢？

25

　　下面，我想告诉你椭圆另外一个引人注目的性质，该性质不仅从数学上看很有意思，就是从"现实世界"的角度看也是如此。或许，描述该性质的最简单的方法，就是将椭圆想象成一个四周有弹性台边的台球桌。设想在其中一个焦点处有一个球洞，而另一个焦点处则放置着一个台球。结果表明，无论你朝哪个方向击打这只台球，经台边反弹后它总是会直接进洞！

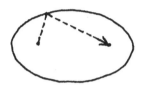

换句话说，椭圆弯曲的程度刚好使经过其中一个焦点的直线经椭圆反射后经过另一个焦点。几何上，这就是说这两条直线与椭圆所形成的角度相等。

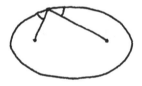

这样的叙述会令人产生一些困惑。我们正在讨论的是一条曲线，曲线和直线所形成的角到底是什么意思呢？

打消这个困惑的最简洁的方法就是使用切线：与椭圆有且仅有一个交点的直线。经过椭圆上的任意一点都会有一条不同的切线，这条切线的方向也就是椭圆在这一点弯曲的方向。

这样，我们就有了讨论由曲线所形成的角的方法了。所以如下图所

示，两条相交曲线之间的夹角就是分别经过交点的两条曲线的切线之间的夹角。

为了更好地理解曲线，我们利用了切线，这是一种历史悠久的传统方法。切线传递了曲线行为方式的大量信息。同时，由于是直线，与曲线相比，切线处理起来也要容易得多。

好了，现在我们可以准确地表述前面我们所说的"台球桌性质"了。该性质是说，对于椭圆上的任意一点，都会有一条经过该点的切线，连接该点和两个焦点则会形成两条直线，这两条直线与切线的夹角总是相等的。

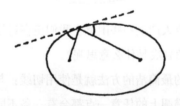

我想，我们应该称此为椭圆的切线性质（这个称呼会让人感觉更正式一些）。不过，无论我们怎么称呼，椭圆的这个令人惊讶的性质都堪称完美，同时这个性质也亟待解释。

顺便说一句，圆其实也有这样的性质，只不过情况更特殊一些：从圆心击出来的球经过圆反弹后会再次返回圆心。对圆来说，这一切线性质说明，圆上任意一点的切线必然与经过该点的半径垂直。

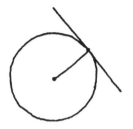

为什么圆上一点的切线垂直于经过该点的半径?

正如我之前所说的,数学家的任务不仅是发现迷人的真理,同时还需要解释它们。画出一些椭圆和直线并声称什么什么是成立的是一回事,而要证明它则是另外一回事。因此,下面我将给出切线性质的一种证明,我将给出的这种证明方法不仅简单、漂亮,而且适用范围广,除了椭圆之外,还适用于很多其他的情况。

不过,还是让我们先来看看另外一个不同的(但又是相关的)问题吧。设想有两个点位于一条无限长的直线的同一侧(之所以是无限长,是因为这样的直线更容易处理,它的长度和位置都不再会成为问题)。

现在的问题是,连接这两点并且过直线上一点的最短路径是多少?(自然,过直线上一点是这个问题比较有意思的部分。如果我们去掉这个条件,答案就会简单地变成连接这两点的线段。)

很明显,最短的路径看起来必然是如下图所示的折线段。

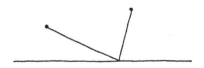

　　既然路径必须要在某一点与直线相交，那么最好的方法就是从起点经直线走到这一点。问题是，这个交点到底在哪里呢？在直线上所有可能的点中，经过哪一个点的路径会是最短的路径呢？或者，这个点真的重要吗？会不会所有的路径其长度都相同呢？

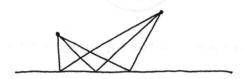

　　事实是，这个点的选择的确很重要。最短路径只有一条，下面我来告诉你怎样把它找出来。首先，让我们给这两个点都取一个名字，比如说 P 点到 Q 点。再假设有一条从 P 点到 Q 点且过直线上一点的路径。

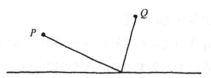

　　有一种非常简单的方法可以告诉我们这样的路径是否是最短的。这可以说是几何学中最令人惊讶、最出人意料的方法之一，那就是查看经直线反射后的路径。更具体地说，我们可以取出部分路径让直线反射，比如说从路径与直线的交点到 Q 点这部分。

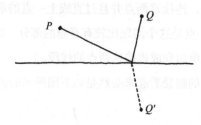

　　现在，我们有了一条新的路径，它从 P 点开始，穿过直线，到 Q' 点

结束，该点是 Q 点的镜像。这样，任何连接 P 点和 Q 点且过直线上一点的路径都可以转化为一条从 P 点到 Q' 点的新路径。

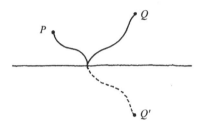

现在到了最关键的部分：新路径的长度与原来的路径的长度正好相等。这说明，连接 P 点和 Q 点且过直线上一点的最短路径问题等价于连接 P 点和 Q' 点的最短路径这个问题。而后面这个问题很简单——它就是经过这两点的线段。换句话说，我们所寻找的这条路径，即连接这两点且过直线上一点的最短路径，就简单地是那条经过反射后变成直线的路径。

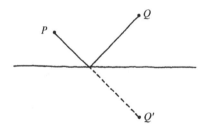

这个论证不仅十分完美，同时我们也可以把它当成是一个现代数学观点的绝佳示例，即把问题放到由结构以及结构之间的保结构变换（structure-preserving transformation）组成的框架中加以考虑。在我们这个例子中，相关的结构是路径和路径长度。解决这个问题的关键是，我们需要认识到反射是一种合适的保结构变换。我们必须承认，这是一个相当专业的观点，但我想它同时也是一个宝贵的思考数学问题的方法，任何人都可以拿来使用。

　　既然我们已经清楚地知道了最短的路径是什么样子，现在，我们来思考一下这条路径是否还有其他等价的描述。一种最简单的描述是，这条路径就是和直线形成了两个相等夹角的折线路径。也就是说，最短路径是从起点出发经直线"反射"后到达终点的路径。

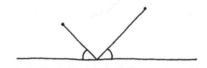

最短路径和直线所形成的两个夹角，为什么是相等的？

　　当然，我之所以会提到这些，是因为它有助于我们理解椭圆的切线性质。该性质说的是，对于椭圆的焦点，我们有这样的路径：从一个焦点出发经过椭圆上一点后必然会经过另外一个焦点。对于椭圆（其实是椭圆的切线）和这条路径所形成的两个夹角为什么必然相等，我们很想知道其中的原因。

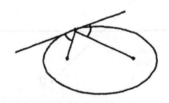

　　原来，这是因为这条路径刚好也是连接两个焦点且经过切线上一点的最短路径。利用椭圆焦点的性质，我们可以很容易地得出：椭圆上所有的点到这两个焦点的距离之和都是相等的。自然地，椭圆内的点到这两个焦点的距离之和会小一些，而椭圆外的点到这两个焦点的距离之和则会大一些。特别地，既然切线上的任意一点（除了椭圆的切点之外）

都严格地处于椭圆之外，因此经过这一点的路径必然要比经过切点本身的路径长。

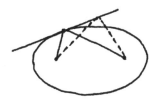

既然这条路径最短，那么它和切线所形成的两个夹角也就必然相等。所以我们可以总结为：是椭圆焦点的性质和最短路径总是遵循反射原理的事实，形成了椭圆切线的性质，或者说是椭圆的"台球桌性质"。

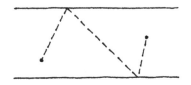

假设有两个点位于两条平行直线之间，请找出连接这两点且经过两条直线上各一点的最短路径。

关于几何学和现实世界之间的关系，我还想多说几句。当然，在某种意义上，它们是截然不同的：前者完全是由人类用心智虚拟出来的，而后者（想必）不是。早在会思考的人类诞生之前，物理现实就已经存在了；即使有一天人类不再存在，物理现实也将会继续存在。而另一方面，数学现实之所以能够存在，完全是因为人类有思考的能力。椭圆，其实就是人类的一个想法，在现实世界中并没有真正的椭圆。任何真实的事物，都必然由数以万亿个不断运动的原子组成，这太复杂了，人类想用任何精确的方法去描述都是不可能的。

在构成真实事物的物理上的原子和组成虚拟几何对象的数学上的点之间，有两个很重要的区别。首先，原子总是在不停地运动，飞过来飞过去并且彼此之间会相互碰撞。相比而言，点则总是会按照我们的要求行事，比如说，圆心就不会左右移动。其次，原子是离散的——原子之间是有距离的。两个原子只能够在一定程度上接近，自然的力量（显然）不允许它们更靠近一些。然而，想象的数学上的点是没有这样的限制的。支配数学对象的是我们的审美选择，而不是物理定律。特别是，满是点的直线或曲线在物理上是不能够实现的。任何由真实的微粒所组成的"曲线"都必然不是很光滑，其中会有大大小小的缝隙——它看起来更像是一串珍珠，而不是一缕头发（当然，一缕真实的头发也包括在这种"曲线"之中）。

另一方面，如果要认为几何学和现实世界之间完全没有关系，这也是不正确的。现实世界中或许并没有完美的立方体或球体，但肯定会有一些与它们十分相似的物体。数学上的立方体和球体所具有的性质，对于现实世界中的木箱和保龄球来说，也肯定会是大致成立的。

椭圆的切线性质就是一个不错的例子。台球桌的比喻并不仅仅只是一种漂亮的修辞方法；实际上，我们完全可以建一个这样的台球桌，有着绿色的桌面和一切作为台球桌应该有的设施。在调整球洞的大小和台边的弹性时，我们可能会需要一些尝试和摸索。但毋庸置疑的是，我们肯定可以使台球桌工作起来；然后我们就可以朝任意方向击打台球，而台球也总是会反弹后进洞。同时，人们还建造了椭圆形的房间，它以另一种不同的方式向我们展示了椭圆的切线性质。房间中有两个人，他们分别站在椭圆的两个焦点上，并低声向对方说话。其中任何一个人发出的任何声音，经过房间墙壁的反射后都会传入另一个人的耳中。最后的结果是，这两个人之间能够互相听见对方的说话，而房间里的其他人却听不见任何声音。

那么，这些事物实际是怎样工作的呢？如果原子和点之间的差别是如此巨大，由原子所组成的台球桌为什么会表现得这么像由点所组成的虚拟椭圆呢？真实事物和数学对象之间又有着什么样的联系呢？

首先，值得注意的是，像椭圆形台球桌这样的物体，如果太小的话，它肯定是不能正常工作的。比如说，如果台球桌只有几百个原子那么长的话，那么它的表现肯定不会像椭圆。只有原子大小的台球，可能会简单地穿过台边之间的缝隙，或者与台边发生一些复杂的电磁作用。为了表现得和几何学中一样，一个物体必须要包含足够多的原子才能够抵消上述这些作用的影响。因此，物体必须足够大。

另一方面，如果台球桌太大的话，比如说有整个银河系那么大，此时由于引力和相对论的作用，它同样也不会正常工作。为了能够表现得像几何物体，真实的物体必须要有合适的大小，也就是其大小要和人类的身材差不多。它必须大致是我们人类能够操作的大小。这是为什么呢？答案是，是我们创造了数学。

作为生物的一员，我们有着一定的身材，也以某种方式在感知我们所生活的这个世界。我们的身材太大了，并不会对原子有直接的感知，我们的感官也感受不到这样小的事物。因此，在那样的大小上，我们并不会有什么直观感受。我们的想象力来源于我们自身的经验；而且很自然地，我们在头脑中所创造出的虚拟对象，其实都是我们平常所见到的、所感受到的事物简化与完善之后的版本。如果我们有着与现在完全不一样的身材，或许我们就会创造出一种完全不同的几何学——至少在一开始的时候会是这样。几个世纪以来，人们创造了许多不同种类的几何学，其中有一些作为现实世界的模型，在非常小或者非常大的尺度上很好地反映了现实世界，而另外一些模型则与现实世界没有任何关系。

因此，是我们连接了几何学和现实世界，我们是这两者之间的桥梁。总之，数学源于我们的思维，思维又是大脑的机能，大脑则是我们身体的一部分，而我们的身体则生活在现实世界之中。

你知道怎样用一支铅笔、两枚图钉和一根绳子来制作一个简易的椭圆模型吗？

27

实际上，椭圆是少数几种我们能够讨论的形状之一；它有着十分明确的、精确的模式，我们可以用语言来描述。当然，其实我们也只是将一个现有的模式（也就是圆形）稍微地改变了一下；我们并没有从零开始构造椭圆的模式。椭圆是变换之后的圆，正是这种变换（即拉伸变换）赋予了椭圆各种不同的性质，同时也使我们能够谈论它。通过焦点给出椭圆的经典定义则是另一种方式，我们可以认为这是圆具有圆心这一想法的一种推广。

重要的是，我们通过改变已有的形状创造出了一种新的形状。只要我们能够描述清楚它是如何工作的（但像"球上有一个地方凹下去"这样的描述则有些太含糊），我们就可以使用这种方法进行任何几何变换。特别是，如果一个形状有明确的、可描述的模式，那么经过拉伸变换之后，它仍然会保持这种特点。

取横截面，就是一种从已有的形状中创造出新形状的简单方法，椭圆其实就是圆柱体的横截面。那么，当我们用平面去截其他的三维物体时，会发生什么情况呢？球体当然是一个很不错的选择。不过遗憾的是，它的所有横截面都是圆，我们并不能从中得到什么新的形状。那么，圆锥体的横截面又会怎样呢？

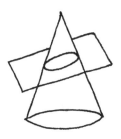

令人惊奇的是，结果表明，圆锥体的横截面也是椭圆。出现这样的结果，第一眼看上去也许会感觉很奇怪，毕竟圆锥体和圆柱体看起来是如此不同。你可能会觉得圆锥体的横截面应该是更不对称的卵形。另一方面，要修改我们之前的论证，用丹迪林的双球证明圆锥体的横截面也具有同样的焦点性质，却并不是很困难。

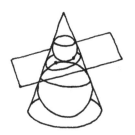

与之前相同，我们仍然有两个球体，且这两个球都和横截面相切于一点，只不过这一次两者的大小并不相等。现在最主要的区别是，球体与圆锥体的相交线不再是各自球体上的大圆，而是位于大圆之上的两个平行圆。然而，利用切线的性质我们同样可以证明，这条横截面曲线也具有同样的焦点性质。因此，它实际上就是椭圆。

你能够给出这个证明详细的步骤吗？

这实在有些令人失望——在将圆柱体换成圆锥体之后，似乎我们还是不能够得到一种新的曲线。不过，别着急！截圆锥体还有一些其他的方式。

由于圆锥体的锥面是倾斜的，取决于我们所用的平面是否要比锥面本身更倾斜，我们能够得到不同类型的横截面。当平面的倾斜程度比锥面平缓时，我们得到的横截面是椭圆。那么如上图所示，现在我们又会得到什么样的曲线呢？

有一点可以肯定，那就是这条截交线不可能是椭圆。首先，它不是闭合的——随着我们对圆锥体进行延伸，它包含的面积也变得越来越大。当然，我们可以在某一点将它切断，但这似乎有些武断。一个更简单更漂亮的想法是（至少对我来说是这样），设想有一个无限高的圆锥体，这样这条截交线也将是无限的，截平面的另一端永远不会到头。

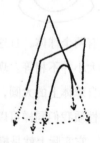

平面与圆锥体的截交线，我们一般称之为**圆锥曲线**（conic sections，或者简写为 conics）。事实上，取决于截平面倾斜程度的不同，共有三种类型的圆锥曲线。当截平面的倾斜度要比圆锥体的小时，我们得到的圆锥曲线是椭圆；而当截平面的倾斜度要比圆锥体的大时，我们就会得到前面提到的那种无穷曲线，一般称之为**双曲线**（hyperbola，希腊语"超远投掷"的意思）。还剩下最后一种可能，那就是截平面的倾斜度正好和圆锥体的相等时。

这种类型的圆锥曲线，我们称之为**抛物线**（parabola，希腊语"投掷一旁"的意思），它同样也是无穷曲线，不过它的形状却和双曲线的大不相同（我们很快就会发现这一点）。

关键在于，我们可以用不同的方式去截圆锥体，并且随着截的方式不同，我们所得到的曲线的类型也不同，同时曲线具有的性质也不同。古典几何学家对圆锥曲线进行了广泛而深入的研究，其中最负盛名的是阿波罗尼奥斯（约生活于公元前 230 年）。这一时期的一个重大发现是，和椭圆一样，双曲线与抛物线都有着自己的焦点和切线性质。显然，我很想告诉你这些性质，但在此之前，我想先向你展示一种有些不同但却更加现代的思考圆锥曲线的方法，我认为这样的效果会更好。

这个方法，就是用投影的思路去考虑圆锥曲线。让我们设想空间中有两个平面。不过，这一次我们并不会选择一个特定的投影方向，而是固定空间中的一个点（该点并不在这两个平面中的任何一个平面上）作为投影的投射中心。

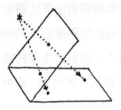

从投射中心发出的投射线会将第一个平面上的点投射到第二个平面上。（有时候，我喜欢把投射中心看成是太阳，而把形成的投影当作是影子。）当然，这并不是说，第二个平面必须位于第一个平面的后面；我们也可以投向投射中心而不是从投射中心向外投射。我们甚至可以将投射中心放在这两个平面之间。

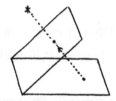 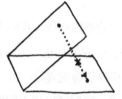

无论是哪一种情况，这都是一种新的投影类型，通常我们称之为**中心投影**，与前面我们所讨论的平行投影相对。

当这两个平面平行时，中心投影会产生什么样的作用？如果投射中心位于这两个平面之间，情况又会怎样？

中心投影也好，平行投影也罢，这两种投影都会对形状作变换——将一种形状转换为另一种。这就给了我们一种创造新形状的系统化方法，并可以把新形状与已有形状联系起来。特别是，我们可以把这几种圆锥曲线（椭圆、双曲线和抛物线）都看成是圆在不同中心投影下形成的投影。

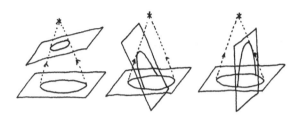

这个观点的一种解释是，这些圆锥曲线其实都是圆，只不过因为观察视角的不同，所以我们看到的并不是圆。

事实上，全部的视角问题都可以归结到中心投影上。我们每一个看的动作其实都是一次投影：外部世界通过瞳孔投影到我们的视网膜上。画透视图就是我们模仿这一过程的尝试，将想象中的观察者作为投射中心。几何学中的投影就是对这一过程的最终抽象。

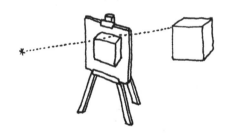

当然，一旦我们有了一种新的数学想法，无论最初它是怎样起源的，它也会很快地脱离现实的羁绊。在十七世纪初叶，一种全新的几何学在人们探索透视背后的数学原理时兴起了，这就是人们通常所称的**射影几何学**。

一条直线上的任意三个点经过投影后还会共线吗？如果是四个点，情况又会怎样？

$\mathcal{28}$

既然投影对应着视角的变化，那么认为由投影联系起来的两个物体是相同的，也就很自然了。毕竟，它们只是同一物体的不同视角而已。射影几何学认为，只有那些不受投影影响的性质才是几何形状最重要的性质。几何形状固有的性质，或者说"真实的"性质，是不应该取决于观察的视角的；美不应该因人而异。那些在投影变换时会改变的特征，与其说是形状自身具有的性质，不如说是我们观察的视角所具有的性质。这是一种相当现代的思维方式。研究某种特定的变换（这里就是投影变换），我们将只关注那些在变换后仍然保持不变的结构。

在投影时，是否所有的三角形都是相同的？如果换成四边形，

情况又会怎样？

经典几何学和射影几何学的最大区别是，在射影几何学中，各种传统的量值，包括角度、长度、面积和体积，已经不再有任何意义。投影变换急剧地扭曲了形状，彻底地改变了所有这些量值。从这个意义上说，投影是极具破坏性的。

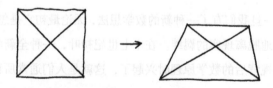

因此，如果说射影几何学并不关注各种量值的度量，那么它关注的又是什么呢？又有哪些性质会不受投影的影响呢？

直线度（straightness）就是一个很好的例子——直线的任何投影都

还会是直线。从投影的角度来说，直线度才是"真实的"。特别地，如果
一个点集中的所有点都是共线的（也就是所有的点都在同一条直线上），
那么经过投影后，它们仍然会共线。也就是说，如果投影前是对齐的，
那么投影后也肯定会是对齐的，这一点并不取决于观察的角度。

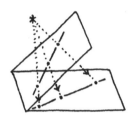

多边形的投影总是多边形吗?

相切性是另一个射影不变量：如果投影前一条直线在某一点与一条
曲线相切，那么投影后它们仍然会相切，即使此时曲线的形状和直线的
位置都可能会发生改变。

一般来说，与相交有关的量通常都是射影不变量。就拿两条曲线来
说，它们是否相交以及相交的次数都是射影不变量，但像相交时所形成
的角度这样的量则不是，这些值在投影后通常会变得面目全非。

实际上，结果表明，相交的问题稍微有一些复杂。事实上，相交并
不是真的射影不变量，甚至可能会发生下面这样的情况：两条原本相交
的直线，在投影之后变成了两条平行的直线。

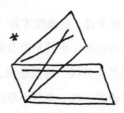

　　这里，两条直线投影前的交点完全没有出现在投影面上。事实上，在所有的中心投影中，都会有一些特殊的点并不能够从一个平面上投影到另一个平面上。

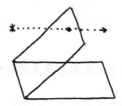

　　这里的问题是，有时连接投射中心与我们所观察的那一点的直线可能会平行于投影面。这实在可以说是一场灾难，因为它意味着投影是有缺陷的——它会导致一些信息的丢失。特别是，它会丢失直线是否相交的信息。

　　而且，信息丢失的程度甚至可以达到，一条直线上的所有点将会在投影时完全消失。

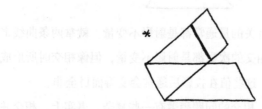

　　具体来说，这条直线就是和投影面平行且相对于投影面与投射中心处于同一高度的直线，其上的所有点将会在投影的过程中完全消失。

　　类似的灾难也会在相反的过程中的发生。如果我们将某一个平面上的两条平行直线投影到另一个平面上，我们将得到十分古怪的结果：两条相交直线的交点消失了！

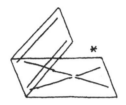

　　当然，发生这样的事情，我们是完全不能接受的；同时，对于这样丑陋的结果，我们也是绝对不能容忍的！

三条平行直线的投影看起来会是什么样子？

　　顺便说一句，正是中心投影的这一特征造成了消失点的现象——两条平行的直线，比如说两条铁轨，看上去总是会在遥远的地平线上相交于一点。

　　不过，从实用的角度来看，比如说对艺术家或者建筑师来说，这其实算是一个好消息。这样，他们就能够画出令人信服的铁轨了，也不会有人因为有些点消失了而难以入眠。然而，在数学上，这却令人相当不安。事实是，这令几何学家非常不安，促使他们迈出了大胆且富有想象力的一步——对空间进行重新定义。

他们的想法非常巧妙。我们在投影时遇到的问题是，并不是经过一个点的所有直线都必然会和一个给定的平面相交。

———————— ✳ ————————

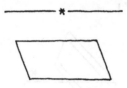

这里的问题在于，两个物体是可以平行的：直线可以平行于直线，平面也可以平行于另一个平面，而且还有我们刚刚遇到的那种情况，也就是直线也可以与平面互相平行。既然是平行导致了这个问题，那么解决的办法就是去掉平行——这样，同一个方向的直线或平面就总是会相交。

这个全新的想法是这样的：对于空间中的每一个方向，我们都设想有一个新的点位于这个方向上的无穷远处，而且所有这个方向上的直线都会相交于这个新的想象的无穷远点。这个想法就是这么简单：我们只需要加上足够多的新的点（每一个方向上加一个点就足够了），这样平行的直线和平面就会彼此相交。

思考这种想法，一种不错的方法是，设想有一条直线和直线外的一点，看一看经过直线外这一点的直线是怎样和这条直线相交的。

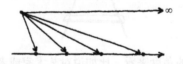

当两条直线越来越接近平行时，交点也会相应地向右移得越来越远。这里的观点是，当两条直线完全平行时，它们仍然会有一个交点，那就是位于右边的无穷远点。有趣的是，对于那些朝向左边的直线，也会有同样的事情发生。这些我们新加入的点，既位于左边的无穷远处，也位于右边的无穷远处。这里的直线有些像一个特别大的圆，在穿过无穷远处之后又回到了另一边。

　　这听起来是否像是一个疯子的胡言乱语呢？我承认，我们的确需要花一些时间来适应这种全新的想法。也许，你会对这些新加入的点不以为然，因为它们都是想象出来的——它们并不是真的就在那儿。然而，我们所讨论的所有这些也都不是真实的呀，首先就不存在"那儿"这样一个地方。点、直线以及其他的形状都是我们想象出来的，这样事情就会变得简单、漂亮——我们这样做完全是基于美的考虑。现在，我们再一次这样做，为的是使投影也能够变得简单、漂亮。一旦你习惯了，你就会认为这样做真的很不错。

　　这些新加入的点，我们称之为**无穷远点**。这个我们所创造的更大的空间，也就是在普通三维空间的基础上再加上所有这些无穷远点，则被称为**射影空间**。通常，我们也会在各个方向的直线上以及各个平面上加入无穷远点。因此，射影直线就是普通的直线再加上这个方向上的无穷远点；而射影平面则是普通的平面再加上所有那些你预期的无穷远点，即与平面上各个不同的方向对应的无穷远点。

　　这样的结果就是，我们有了一种全新的几何学，不过其中不再有平行。一个平面上的任意两条直线总是会相交。如果在加入无穷远点之前，它们就已经相交，那么它们现在仍然会相交；如果它们之前平行，那么它们现在将相交于无穷远点。与经典几何学中的情况相比，现在这样可以说是更漂亮、更对称。

　　那么，两个平面的情况又会怎样呢？通常情况下，两个平面会相交于一条直线。当两个平面平行时，情况又是怎样呢？注意到两个平行的平面有着完全相同的无穷远点，所有这些无穷远点构成了这两个平面的交集。这样，我们就可以将所有这些无穷远点看成是平面上无穷远直线上的点。不失一般性，现在我们完全可以这样说：射影空间中的两个射影平面总是会相交于一条射影直线。

类似地，认为射影空间中所有无穷远点的集合组成了一个无穷远射影平面，也是一个不错的想法。然后，我们就可以这样说，射影空间中的直线和平面总是会相交于一点（当然，要排除这样的情况：这条直线刚好位于这个平面上）。

是否射影空间中的两条任意直线必然相交？

在有了更好的环境之后，投影现在也变成了一个运行良好的变换过程。两条平行的直线不再被投影成非常难看的没有交点的相交直线，现在我们看到的投影是两条正常相交的直线，其中的交点由无穷远点变成了普通的有穷远点。

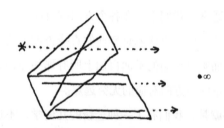

当然，在处理射影空间时，正确的方式就是忽略普通的有穷远点和特殊的无穷远点之间的区别。从射影的角度来看，两者之间并没有什么区别；从一个角度看是普通的点，从另一个角度看就是无穷远点。射影空间是一个完全对称的空间，其中所有的点其地位都是平等的。

特别是，平行投影和中心投影之间的区别是很有欺骗性的。平行投影只不过是投射中心位于无穷远点处的中心投影。所以我们将去掉投影前的形容词，因为它反映了传统的偏见。我们会简单地将两者都称为投影。

好了，现在我们有了全面改造后的投影变换，也确认了投影过程中的一些不变量——直线度、相切性和相交性。你还能够找出其他一些不变量吗？

你能够找出一个射影不变量吗？

现在，对于前面提到的一些内容，我可以更加准确地表示了——比如可以认为圆锥曲线是圆的投影。对于椭圆，我并没有需要补充的内容；我们发现圆锥体或圆柱体的某些截面是椭圆，而它们无疑都是圆的投影。

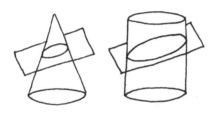

圆锥体与圆的中心投影对应，而圆柱体则与圆的平行投影对应。既然从投影的角度来看两者是一样的，那么认为圆柱体是一种特殊的圆锥体也是可以说得通的——圆柱体的顶点在无穷远处。

当用和圆锥体倾斜程度相同的截平面去截圆锥体时，我们就会得到一条抛物线。

在这种情况下，我们是将圆锥体的顶点当成了投射中心，把圆从水平的平面上投影到倾斜的截平面上。因此，抛物线肯定是圆的投影。值得注意的是，在圆上有一点并没有被严格地投影到截平面上，它被投影到了截平面上的无穷远点。这说明，抛物线不过就是其中有一点位于无穷远处的圆，而无穷远直线就是这个圆的切线。

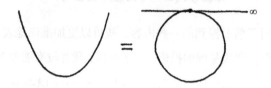

然而，对双曲线来说，却发生了一件有些奇怪的事情。

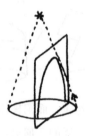

圆位于截平面之后的部分投影得很好，形成了独特的碗状形状，但是圆的剩余部分去哪里了呢？令人惊讶的是，它出现在了圆锥体的上方。换句话说，以圆锥体的顶点为投射中心的中心投影不只是向下投影，它也向上投影。

因此，此时圆的投影是两个碗形的曲线，一个开口向上，另一个开口向下。所以我们应该认为双曲线是由两个分支组成的。它也是圆的一种投影，只不过这一次有两个无穷远点。

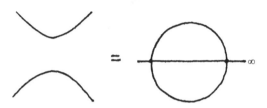

当我们沿着双曲线旅行时，我们首先动身前往一个方向的无穷远点处，在经过此方向的无穷远点之后，我们会发现自己正沿着双曲线的另外一个分支在走。

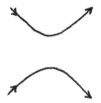

用平面去截一个圆锥体，当所截得的是双曲线时，请问是圆锥体底面圆上的哪两点被投影到了无穷远处？

因此，如果我们能够恰当地理解，其实所有的圆锥曲线都是圆的投影。这意味着，从射影的角度看，所有的圆锥曲线都是圆。而从传统的角度看，它们之间的区别则取决于圆和无穷远直线是怎样相交的——是没有交点，有一个交点，还是有两个交点？

不仅如此，结果还表明，圆的每一个投影都是一个圆锥曲线。无论你对圆进行怎样的投影，你得到的不外乎是椭圆、抛物线或者双曲线。除此之外，并没有任何其他的曲线和圆在投影上是等价的。特别是，这说明，斜圆锥体和正圆锥体有着相同的截面曲线。

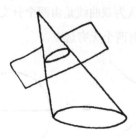

即使广义圆锥体的底面自身也是一个圆锥截面，比如说是一个椭圆，我们也并不会得到新的形状。也就是说，圆锥曲线的投影依然是圆锥曲线。

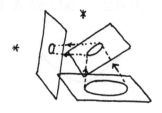

一般来说，投影的投影仍然还是投影。粗略地说，这是因为，对于他人透视结果所做的透视，仍然还是一种透视。这也正是射影几何学最突出的特征之一——射影空间和射影变换形成了一个封闭的系统，而它在很多方面比经典几何学更简单、更优美。

用手电筒从不同的角度照射墙壁，你能够看到所有三种不同的圆锥曲线吗？

29

或许，能够从射影的角度去观察这些圆锥曲线很令人欣慰（我们可以将它们都看成是同一个圆的不同透视）。然而，关于这些曲线的几何性质，实际上仅通过这一点我们并不会知道得太多。知道双曲线、抛物线和椭圆是射影等价的，这当然很不错；不过，它们仍然是不同的形状。那么，它们看起来到底是什么样子呢？比如说，抛物线是怎样不同于双曲线的呢？

在这一点上，我们对于椭圆的了解要比其他两种圆锥曲线多。除了知道椭圆是拉伸之后的圆之外，我们还知道它有着很特别的焦点性质和切线性质。那么，双曲线和抛物线也会有类似的性质吗？结果表明，它们的确有。

事实上，双曲线的焦点性质十分漂亮。与椭圆一样，双曲线也有两个特殊的焦点，当其上的点沿着曲线移动时，该点距这两个焦点的距离也同样遵循着一个很简单的模式。

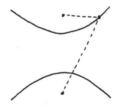

只不过，这一次并不是这两个距离之和保持不变，而是两者之差。也就是说，双曲线是到两个定点的距离之差的绝对值为定值的所有点的集合。

自然，这样令人惊讶的结论肯定是需要证明的。我们必须要证明，如果我们用倾斜度更大的平面去截一个圆锥体（这样才能够形成双曲线），那么所得的截交线上的所有点必须要遵循这个新的焦点性质。正如你所期望的，我们同样可以用先前的方法证明这一点，先增加两个辅助用的球体，然后再利用切线的性质。

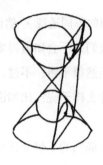

你能够给出这个证明的详细步骤吗？

通过焦点性质，我们可以知道很多双曲线的相关信息。首先，这意味着双曲线必然是完全对称的。

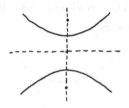

这里所说的对称，不仅仅指双曲线的每一个分支本身都是对称的，而且指双曲线的两个分支之间也是对称的，两者互为镜像。因此，双曲线有两条对称轴，其中一条是经过两个焦点的直线，另一条则是连接这两个焦点的线段的中垂线。

为什么双曲线会如此对称？

双曲线另一个优美的特征是，它的两个分支是如此紧贴着两条相交的直线无限地向远处延伸。

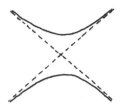

　　实际上，这两条直线并不与双曲线相交，但要是你沿着双曲线一直向前走，你就会发现自己离这两条直线越来越近。换句话说，这两条直线就是双曲线在无穷远点的切线。

　　思考这一性质的最简单的方法，就是将双曲线看成是射影空间中的一个圆，这个圆与无穷远直线相交于两点（这毕竟是双曲线应有的内涵）。这样，圆在这两点就会有两条切线，而这两条切线也就是我们在上图中所看见的那两条直线。

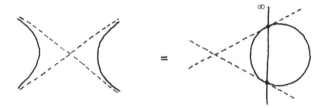

　　既然双曲线是对称的，那么这两条切线的交点也就必然是双曲线两个焦点连线的中点。

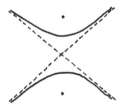

　　另外，我们还能够很漂亮地将双曲线的这两条切线和它的两个焦点联系起来。如果过这两个焦点画这两条切线的平行线，那么我们就会得

到如下图所示的钻石形的平行四边形。

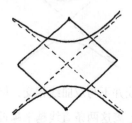

同样是由于双曲线的对称性，这个钻石形平行四边形的四条边必然是相等的。不过，由于它的各个角并不一定是直角，所以我们并不能说它是正方形，但它仍然是一个很漂亮的、钻石形的平行四边形。（你也可以称它为"菱形"，如果你更喜欢这个词的话。）

通过焦点的性质，我们知道双曲线上任意一点到两个焦点的距离之差的绝对值都是一个常量，我们可以称之为双曲线的**焦点常量**（focal constant）。结果表明，这个焦点常量正好等于菱形的边长。

为什么双曲线的焦点常量与菱形的边长相等？

（或许，理解这一点最简单的方法，就是设想有一点沿着双曲线向无穷远处移动，再想一想此时连接这一点与两个焦点会发生什么。）

由此我们可以得出的一个推论是，双曲线完全由它在无穷远点的两条切线（即两条相交的渐近线）以及它的两个焦点确定。

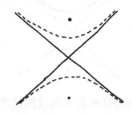

因此，有了任意一组相交的直线，再加上两个相对于这两条直线对

称放置的点，我们就能够唯一地确定一条双曲线，原因是：如果我们知道了这两条直线和这两个点，我们就能够作出前面所说的菱形并得到焦点常量。除此之外，再加上两个焦点的位置，就决定了双曲线上的每一点。所以为了确定一条特定的双曲线，我们只需要知道一组相交直线之间的夹角以及两个焦点之间的距离就足够了。

事实上，由于等比例缩放对角度并没有什么影响，所以双曲线的形状只取决于这两条切线之间的夹角。切线之间的夹角相同但焦距不同的两条双曲线，若是对其中一条进行等比例缩小或者放大，我们就可以得到另外一条，像这样的双曲线就是相似的双曲线。因此，不同的双曲线和切线之间不同的夹角一一对应。

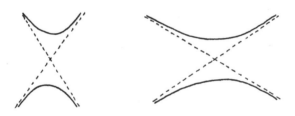

特别地，如果双曲线的两条切线之间的夹角为直角，则我们称这样的双曲线为**等轴双曲线**。

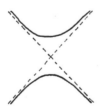

等轴双曲线相对于双曲线的重要性，正如圆相对于椭圆。我们可以将它视为标准双曲线，其他的双曲线都能够通过标准双曲线得到。换句话说，所有的双曲线都是拉伸之后的等轴双曲线。

为什么所有的双曲线都可以通过拉伸等轴双曲线得到？

（这里有一点微妙之处，那就是：我们怎么知道双曲线拉伸之后仍然还是双曲线呢？）

在双曲线和椭圆之间，存在着很多共同之处。首先，两者焦点的性质十分相似，都涉及曲线上的点到两个固定点的距离。不同的是，对椭圆来说是到这两固定点的距离之和是常量，而对双曲线来说则是到这两点的距离之差的绝对值是常量。其次，两者也都是包含无数个具体形状的一类形状，都可以通过对一个原型进行拉伸得到——对椭圆来说是圆，对双曲线来说则是等轴双曲线。

更具体地说，一旦我们选定了一个单位长度，我们就可以讨论半径为单位长度的**单位圆**。然后，通过对单位圆进行两次拉伸变换，我们就能够得到任意的椭圆——在一个方向上按某一系数进行第一次拉伸，然后在第一次拉伸方向的垂直方向上按另一个系数进行第二次拉伸。

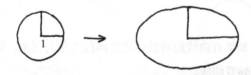

这样一来，我们就可以认为椭圆有**长半轴**和**短半轴**，而椭圆也完全由这两个半轴的长度决定。

如果椭圆的长半轴和短半轴分别为 a 和 b，则它的两个焦点分别在什么位置？

类似地，我们也有**单位双曲线**，也就是如下图所示的从顶点到渐近线交点的距离正好是单位长度的等轴双曲线。

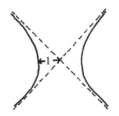

同样地，我们也能够将任意的双曲线看成是拉伸之后的单位双曲线（在两个方向上按两个系数进行拉伸）。

单位双曲线的两个焦点分别在哪里？如果对此双曲线在两条对称轴的方向上分别按系数 a 和 b 进行拉伸，则其焦点又会在哪里？

双曲线和椭圆的另一有趣的相似之处，是焦点常量在几何上的表现方式。

 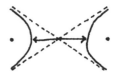

证明椭圆和双曲线的焦点常量分别等于长轴和实轴。

此外，双曲线和椭圆的切线性质也很相似。对椭圆来说，切线性质形成了我们在前面的章节中介绍的"台球桌性质"；那么对双曲线来说，它又会产生什么影响呢？

你知道双曲线有什么样的切线性质吗？

然而，圆锥曲线的最后一种类型，即抛物线，却又完全是另外一回事。虽然抛物线的焦点也有自己的性质，但是却与椭圆和双曲线的焦点性质大不相同。与椭圆和双曲线都有两个焦点不同，抛物线只有一个焦点。当用和圆锥体倾斜程度相同的截平面去截圆锥体时，我们仅仅划分出了能够正确地容纳一个球体的隔间。

也就是说，只存在一个球体同时与圆锥体以及截平面相切。与前面一样，球体与截平面的切点就是这条抛物线的焦点。这样，抛物线上一点到焦点的距离就等于这一点沿着圆锥体到球的距离。换句话说，这个距离也就是这一点到球与圆锥体所形成的截交圆的距离。

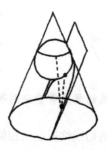

如果是椭圆或者双曲线的话，都会有这一点到另外一个焦点的距离可以供我们比较，但对抛物线来说却并不存在这样一个距离。那么我们要怎样理解这个距离在几何上的意义呢？我想，想要知道到底会发生什么，最好的方法就是用水平面再截圆锥体两次，一次经过球与圆锥体的截交圆，另一次经过我们选择的这一点，由此形成了一个类似灯罩的物体。

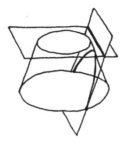

这样，我们就去掉了圆锥体无关的部分。注意到经过截交圆的平面会与截平面相交于一条直线，而这条直线正是解决整个问题的关键。更重要的是，这条直线只取决于抛物线本身，与我们选择抛物线上的哪一点并没有关系。

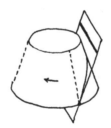

下面就是解决问题过程中最美妙的一步了，即观察力发挥作用的这一步。我们所关心的这段距离（也就是从我们选定的这一点到焦点的距离）正好是沿着灯罩从一个水平面到另一个水平面的距离。这样，我们就可以在不改变其长度的情况下，使该距离围绕灯罩旋转。特别地，我们可以把该距离旋转到与截平面正对面的位置。

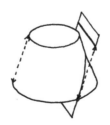

现在，我们就可以很容易地看出这段距离的长度了——它就是我们选择的这一点到这条特殊直线的距离。很神奇吧！所以处理抛物线时的特殊之处，不仅在于它只有一个焦点，还在于它还有一条**准线**。抛物线上的所有点都遵循着下面这个漂亮的模式，即到焦点的距离与到准线的距离相等。

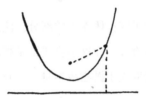

通过抛物线的焦点性质，我们能够得到几个很有意思的推论。首先，这意味着抛物线必然是对称的（对于这一点你可能并不会觉得那么惊奇）。

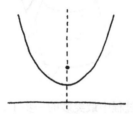

此外，既然一条抛物线完全由它的焦点和准线确定，那么通过焦点和准线之间的距离不同我们就能够两条抛物线区分开来。

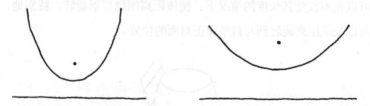

这也意味着，对任意两条抛物线来说，其中的任意一条都可以通过缩放另外一条得到。也就是说，其实所有的抛物线都是相似的，实际上抛

物线的形状只有一种。而椭圆和双曲线则不同，它们都有很多种，这取决于我们怎么拉伸它们；抛物线则只有一种，这使得抛物线显得很独特。

拉伸之后的抛物线会是什么样子？

一种不错的思考抛物线的方法，是将抛物线看成是无穷大的椭圆：将椭圆的一个焦点固定，而将另一个焦点放在无穷远处，这样我们就得到了抛物线。

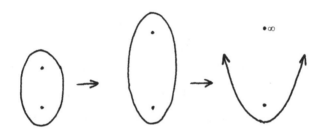

（用同样的方法，我们也可以认为抛物线是无限的双曲线。）从某种意义上说，抛物线位于椭圆和双曲线的边界线上。既然抛物线可以看成是无穷大的椭圆，我们马上也就知道了抛物线会有着怎样的切线性质：假如我们从抛物线的焦点处射击，则子弹经抛物线反弹后会直接飞向无穷远处。

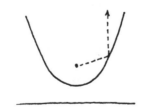

如果不使用"无穷远"之类的术语，你能够直接证明抛物线的

这一切线性质吗？

也许下面这个几何体更漂亮，以抛物线的对称轴为轴线旋转抛物线半周而得到的曲面，也就是我们通常所称的**抛物面**。它在各个方向上都有着与抛物线相同的切线性质。

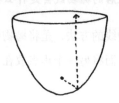

这一性质有着不少有趣的实际应用。首先，这个性质表明，如果我们制作一个抛物面镜（即有着抛物面形状的镜子），并将灯泡放在焦点的位置上，那么灯泡发出的所有光线经镜面反射后都会平行射出，并不会浪费任何能量。我们日常使用的手电筒以及汽车的前照灯就完全是这样设计的。与此相反，当阳光射入时，抛物面镜则可以用来制作很好用的太阳能烤箱，所有入射的阳光经镜面发射后都会集中在一点（这就是我们为什么称这一点为"焦点"。）同时，圆锥曲面也能够做出很不错的镜头，它们使光以一种有趣且有用的方式弯曲。

我之所以花了这么多的时间来介绍圆锥曲线的内容，不仅因为它们是如此漂亮，同时也因为它们有很多有趣的我忍不住要告诉你的性质。此外，还有一个原因是，我可以告诉你们这些。讨论一般的曲线并不是一件很容易的事，但就目前来说，讨论圆锥曲线相对而言还是比较容易的。

我想强调的是，这些圆锥曲线都是非常特别的、明确的曲线——并不是任何碗状的形状都是抛物线或者双曲线，而大部分的曲线并没有焦点的性质或者切线的性质。这些性质都很特殊，我们应该珍视它们。

如图所示，如果你按等间距的方式画两组互相垂直的平行直线，

那么抛物线就会出现，你知道是为什么吗？

关于圆锥曲线，最后我还想说一说它的度量问题。前面，我们已经对椭圆进行了讨论。由于椭圆就是拉伸之后的圆，因此它的面积很容易度量；不过，同样是由于这个原因，它的周长度量起来却比较困难。准确地说，长半轴和短半轴分别是 a 和 b 的椭圆，其面积为 πab 。你知道其中的原因吗？另一方面，椭圆的周长则是取决于 a 和 b 的超越数，从是否有有限的代数表述这个意义上来说，并不存在这样的一个公式。

遗憾的是，这种情况很常见，抛物线和双曲线也存在这样的情况。当然，由于抛物线和双曲线都是无穷曲线，所以对它们来说并不存在周长这样的量。不过，即使我们将曲线在某一点切断，它们的长度仍然是不能够用代数方法描述的。然而，这并不是说度量它们的过程没有趣味。事实上，稍晚的时候我们还会回到圆锥曲线长度的度量这个问题上，那时我们将会有更强大的度量方法。

幸好，有一个量是我们现在可以度量的，那就是抛物扇形的面积。

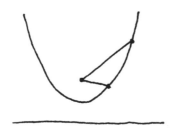

抛物扇形指的是，由焦点到抛物线上两点的连线和这两点间的抛物线所围成的区域。度量这个区域的面积的最好方法，就是将这个区域和由这两点所形成的抛物矩形比较，其中抛物矩形是通过从抛物线上的两点向准线作垂线而得到的。

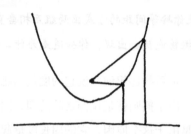

通过使用穷竭法，阿基米德证明了抛物扇形的面积正好是抛物矩形面积的一半。你能够给出这样的证明吗？

为什么抛物扇形的面积正好等于抛物矩形面积的一半？

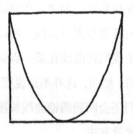

如上图所示，证明抛物线所围成区域的面积等于正方形面积的三分之二。

❧ *30* ❧

通过用平面去截圆锥体，我们像是打开了一个神奇的潘多拉盒子。如果像这样简单的形状都能够有如此有趣的横截面，那么要是我们用平面去截一些更复杂的形状，情况又会怎么样呢？比如说，当用平面去截圆环体时，我们会得到什么样的曲线呢？

结果表明，这条曲线虽然是很漂亮很对称的卵形，但它却肯定不是椭圆。它既没有焦点的性质或者切线的性质，也不能够通过拉伸已知形状得到。它是一种我们从来没有见过的全新形状，我想，如果我们愿意的话，可以称之为**环面曲线**。

如果让截平面朝圆环体的内部稍微移一移，使截平面刚好碰到圆环体的内边缘，那么我们将得到一个更奇特的横截面。

当然，它并不是什么随便的数字 8 的形状，而是一种非常特殊的曲线，其形状也很特别——它就是截平面与圆环体的截交线，一种相当复

杂的几何形状。那么，这条曲线会有什么样的性质呢？我们究竟又要怎样度量这样的曲线呢？

不久以前，我们还讨论了怎样描述形状的问题，得出的结论是：我们只能够讨论那些模式容易描述的几何形状。几何学家的任务就是用某种方法将形状的模式信息转化为度量信息。当然，当形状的模式比较简单时，这件事情做起来会比较容易；而当我们对形状的描述变得越来越复杂时，想指出形状具有什么性质也就变得越来越困难。

我们不得不接受的事实是，要对形状进行度量，大部分时候是不可能的。我们有望能够度量的，只是那些最简单的形状；而且即使是这些最简单的形状，度量它们也并不是一件容易的事。还记得度量球体时，我们需要有多么聪明的头脑吗？如果面对的是描述起来特别复杂的形状，我们还会有机会吗？

我想表达的是，除了形状的描述问题之外，我们需要面对的还有形状的复杂度问题。我们不仅需要形状有可描述的模式，而且模式还必须要简单。现在的问题是，对于弯曲形状的度量，我们只有唯一的一种方法，即穷竭法。如果形状的模式变得太复杂的话，它会很快变得不实用。

这样的情况，真可以算是一种讽刺。在前面的章节中，我们还在担心没有新的形状可描述。不过，现在我们有的是创造新形状的方法。比如，我们可以任选一个8字形的环面曲线，在空间中旋转形成一个曲面，然后再取这个曲面的横截面。

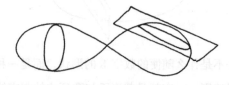

这到底会是什么样的曲线呢？恐怕只有上帝才知道！可以肯定的是，

它不可能是椭圆。显然，我们的问题并不是缺少新的形状。事实上，我们已经有了不少描述工具：拉伸、投影、取横截面以及帕普斯式的构造方法，我们可以对现有形状进行其中任何一种操作或者连续进行所有操作。现在，我们有能力创造一些真正可怕的数学形状了，不过却看不到任何能够度量它们的希望。我们就好像刚刚脱离了描述的苦海，却又发现自己陷入了度量的泥淖。

不过你知道吗？我并不关心。随着形状的描述变得越来越复杂，不仅度量会变得越来越困难，同时我也会越来越提不起兴趣。我并不会关心环面曲线旋转之后的横截面会是什么样子；对我来说，研究数学，最重要的是发现美的事物，而不是仅仅因为我们能够这样做就去创造一堆洛可可式的图案。

那么，还有美丽的形状吗？事实上，的确还有一些，**螺旋线**就是其中一个很好的例子。

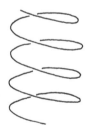

看，上图所示的就是我所说的螺旋线，一种简单、优雅的形状。像这样漂亮的形状，我是愿意花时间去认真思考的。不过，在思考之前，我们还是需要对它进行准确的描述。那么，螺旋线到底是什么样的曲线呢？

我最喜欢的思考螺旋线方式是，设想空间中有一个水平放置的圆盘，在盘的边上我们特意标记了一个点。如果我们旋转圆盘，同时笔直地举起圆盘，那么我们所标记的这一点的运动轨迹就会是一条完美的螺旋线。

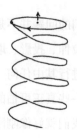

　　事实上，这里有一点微妙之处。为了形成一条很漂亮的螺旋线，旋转和上升的运动都必须是匀速的。如果我们一会加速一会减速，那么所形成的螺旋线就会是下图这种（再熟悉不过的）很难看的样子，其中有些螺旋的间隔大，有些螺旋的间隔小。

　　这意味着，我们在描述螺旋线时（如果我们想要的是漂亮的螺旋线），不仅要说明圆是运动的，还要说明圆是以什么样的方式在运动。

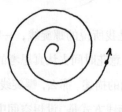

我们怎样才能够将螺线看成是运动所形成的曲线？

当然，取决于圆上升的速度与旋转的速度之比，我们有很多不同种类的螺旋线。要想确定一条特定的螺旋线，有一种简单的方法，那就是明确旋转的圆的半径和旋转一周后圆上一点上升的高度。

有时，设想螺旋线缠在圆柱体的表面上也是一个不错的想法，就像理发店门前的旋转灯箱。这样，我们就能够用圆柱体的直径、高度以及圆柱体上螺旋线的完整圈数来描述螺旋线。

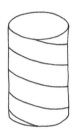

我们怎样才能够度量螺旋线的长度？

用运动的物体上某一点的轨迹来描述的曲线，我们称之为**机械曲线**，螺旋线就是其中一种。在所有的机械曲线中，最迷人最漂亮的曲线要算**摆线**。它是圆沿着直线滚动时，圆上一点所形成的轨迹。

它是一种全新的形状，和我们之前所见到的都不一样。结果表明，它有很多有趣的性质；如果有"十七世纪最有趣的曲线"这样的奖项的话，那么摆线肯定能够轻易折桂。

同时，摆线也有一些很有意思的变体。我们所称的**内摆线**就是其中之一，它是沿着另外一个大圆的内侧滚动的小圆上一点的运动轨迹。当然，小圆也可以沿着大圆的外侧滚动，这样小圆上的一点就会形成**外摆线**。

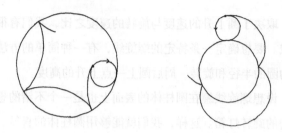

内摆线所包含的尖点的数目和形成它的两个圆的半径有着什么样的关系？外摆线的情况又是怎样？

还有另一种思路可以形成摆线的变体，那就是允许形成轨迹的这一点位于滚动着的圆盘的内部。这样，如果圆盘再沿着另外一个大圆的内侧滚动，那么我们就会得到非常漂亮的像用万花尺（spirograph）画出来的曲线。

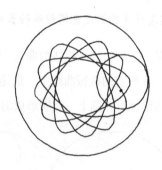

如果我们标记的这一点就是圆的圆心，那么会发生什么情况？

事实上，像摆线或者像用万花尺画出来的曲线，它们的图案都有下面这样的特点：简单、自然和引人注目。它可不是通过对什么形状取截面，然后再投影，接着再旋转，最后再取横截面得到的。无论是从审美的还是从实用的角度看，这样的曲线都很引人注目，它们也急切地等待着我们去度量、去理解。当然，要想理解摆线这样的机械曲线，唯一的方法就是先去理解形成这些曲线的运动。

这使得我们面对的是一种全新的情况。到目前为止，我们感兴趣的所有形状和图案都是静止的，它们就一直都静静地待在那儿。不过，从现在开始，我们将要讨论运动的物体。同时，我们思考的重点也将从形状转移到运动上来。

你能够想出描述围绕圆环体的螺旋线的方法吗？

假设有一把梯子从墙上慢慢地往下滑，直到完全滑落到地面上，

请问梯子的中点会形成什么样的曲线？

第二部分

时间和空间

1

什么是运动？当我们说某个物体是运动的，我们到底想表达什么意思呢？其实我们说的是，随着时间的推移，该物体的位置一直在变化。当物体运动时，它所处的位置会取决于它运动的时间，而且位置取决于时间的方式正好说明了物体所做的运动。换句话说，运动是时间和空间之间的一种关系。

因此，为了能够描述和度量运动，我们必须要能够说出物体的位置，也就是记录物体的位置以及物体在什么时间位于该位置。

毋庸讳言，我们讨论的并不是实际的物体（无论是什么物体）在现实世界（无论它是什么样的）中的运动方式，它肯定是非常复杂的，而且令人生厌。相反，我们讨论的是发生在完全想象的数学现实中的假想的数学的运动。

因此，我们面临的第一个问题，就是如何描述空间中某一个特定的位置。前面在度量大小和形状时，我们用不着担心这个问题，因为圆锥体的体积并不会因为所在的位置或时间的不同而有所改变。不过，既然物体现在是运动的，我们也就肯定需要有方法来区别不同的位置。

我想，最简单的情形莫过于一个点沿着一条直线在运动。

为了描述这一点的运动，我们必须要能够确定它在任意时间点的位置。我们需要的是地图——某种形式的参照系统，某种用来记录物体位置的方法。

要记录一点的位置，最简单的方法就是任意取直线上的一点作为参照点。这样，我们就能够通过与这个特殊点的距离来确定直线上的每一个位置。这也意味着，我们还需要选取一段长度作为单位长度，而它与参照点类似，其选取也是任意的。与地球不同的是，直线上并没有什么自然的地标，我们必须自己来选定。

这样的结果是，直线上的每一个点都会有一个数字标记，通过对应的数字标记我们就能够表示直线上的任何一点（当然是在我们选定了参照点和单位长度之后）。

注意到参照点位置上的数字是 0，这一点我们通常称之为系统的**原点**。

事实上，我们的这个方案有一点小小的问题：会两个不同的位置有相同的数字标记。比如，在参照点左边距参照点一个单位长度的点，其标记将会是 1，而参照点右边距参照点一个单位长度的点，其标记也会是 1。

我们需要有一种方法来区别左右两个方向，不然的话，如果我们只说某个物体在位置 1，我们不会知道所指的是哪个位置 1。

因此，我们的参照系统不仅需要原点和单位长度，同时也需要**方向**。也就是说，我们需要确定哪个方向是向前，哪个方向是向后。当然，实际上我们怎样选择并不重要；从理论上来说，直线是不分左右的，这两个词的意义也完全由我们决定。

无论如何，一旦我们选定了原点、单位长度和方向，我们就可以准确地确定直线上的任意位置了。例如，我们可以说某一点位于向后的方向位置 3 上，这样的表述就完全地固定了这一点。

还有一种更好的表示方式，那就是用正数表示其中一个方向，而用负数表示另外一个方向。这样，我们就可以简单地说前面提到的点在-3的位置上。

这种方案有下面这样几个优点。一方面，它说明我们可以只用一个数来描述任何位置，而不需要一个数再加一个方向。更为重要的是，它将几何和算术漂亮地联系了起来。

首先，我们注意到，正方向上移动一个单位长度就简单变成了将该位置上的数加 1。

我喜欢将这样的运动看成是平移，整条直线都在平移（在这个例子中向右移），这样原来的位置 0 现在就变成了位置 1，其他依此类推。每一个数都可以对应一个这样的平移，我们可以平移 2、2 的平方根或者 π。我们也可以进行另外一个方向的平移，（向后的）两个单位长度的平移与数 -2 对应。

从几何上来说，平移有一个非常好的性质，那就是它会保持距离不变。也就是说，如果两个点在平移前相距一段距离，那么平移后它们仍然相距同样的距离。像这样的保持距离不变的几何变换，我们称之为**等距变换**（isometry，希腊语"相等长度"的意思）。等距变换的一个特征是，如果你进行两次等距变换，那么所得的结果仍然会是等距变换。特别地，如果你对一条直线进行平移，比方说平移量为 2，然后再进行一次量为 -3 的平移，那么结果会等于进行了量为 -1 的平移。因此，不仅两次平移只相当于一次平移，而且平移相对应的量也会相加。

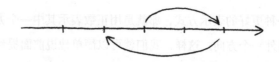

这说明几何中的平移与数的加法有着相同的结构。用数学术语来表达，那就是这两个系统是同构的（isomorphic）。这就是数学家一直在寻找的——明显不同的结构之间的同构。

因此，用正数和负数来表示不同的方向，最主要的收获在于，我们由此知道了等距平移群和整数加法群是同构的。

事实上，我们的收获不止这些。除了平移之外，还有其他一些自然的几何变换，比如说反射变换。反射变换有一个好的性质，就是它也能够保距。如果我们将一个点由原点的一边反射到另一边，会有什么情况发生呢？答案是，表示该点位置的数会取相反数，即位置 3 经反射后会变成位置 –3，反之亦然。因此，我们可以说算术中的取反运算和几何中的反射变换相对应。

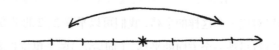

以不是原点的点作为中心进行反射，会对应算术中的什么运算？
直线还有其他的等距变换吗？

另外一个好的示例是等比例缩放。如果我们将直线按照系数 2 放大，那么所有的距离都会变成原来的两倍。因此，原来距原点一定距离的点，现在距原点的距离是原来的两倍。换句话说，表示位置的数将会乘以 2。这说明等比例缩放对应于数的乘法。

那么，假如我们乘以一个负数，又会发生什么情况呢？在这种情形下，结果不仅会包含等比例缩放（系数为原来数值的绝对值），同时也会有反射。因此，乘–3与按系数3进行拉伸再反转的效果相同。

　　这说明，整个算术运算体系，包括正数和负数、加法和减法、乘法和除法，完全与直线的自然几何变换相对应。我特别喜欢这样的对应关系，因为它能够解释为什么 (–2)×(–3) = 6：放大两倍再反射，然后放大三倍再反射，就等于直接放大六倍。

　　不管怎样，现在我们有了一种能够很方便地定位直线上一点的方法——使用数值参照系统。再强调一遍，这样一个系统有下列组成要素：原点（参照点）、单位长度（用来度量距离）和方向（选定一个方向作为正方向）。而且我们还需要理解，所有这些选择都是任意的，我们做出什么样的选择，与空间本身并没有多少关系，与我们自身的关系则比较大。空间本身并没有方向、自然的单位长度以及特殊的位置。其中也不存在左和右、上和下、大和小、这里和那里，所有这些区分都是我们做出的。

　　事实上，我们现在所建立的参照系统与空间是不是一条直线并没有什么关系；对于任意的曲线，我们也能够用同样的方法建立参照系统。

　　如果我们对点沿着曲线运动感兴趣，我们也可以像前面一样建立一个参照系统——任意选择一点作为原点，然后再选择单位长度和方向。这样，曲线上的每一个位置就会有一个唯一的数字标记。

　　如果曲线是闭合的或者自相交的，会有什么样的情况发生？

有两点分别位于 a 和 b，请问这两点之间的距离是多少？它们的中点在哪里？从 a 到 b 的三分之一点又在什么位置？

既然已经设计出了在直线上定位一点的方案，现在我们可以试一试在平面上来做这件事情了。那么我们应该怎样制作平面的"地图"呢？一种思路是，我们可以简单地模仿街道地图所使用的方法。

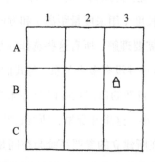

当然，对于我们的需求来说，这样的网格系统（这里，我们能够在单元格 B-3 找到这样那样的街道）显得有些太粗略了。如果我们想要描述平面上一点的运动，那我们必须精确地知道它在每个时间点的位置。因此，我们需要有最精确的网格——网格线之间没有任何间距。换句话说，也就是每一个水平位置和垂直位置都需要有一个标记。为了标记这两个位置，通常的方法是使用两条标有数字的直线，其中一条是水平的，另一条是垂直的。（通常，这两条直线也有相同的单位长度，并且在原点处相交。）

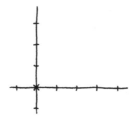

这样，平面上的任意一点都可以用它对应的水平和垂直的数值来表示。除了不再有区域之外，这与街道地图基本相同，而且在每一个方向上，我们都有完整连续的所有可能位置。

此外，还有一个重要的区别，那就是平面上并没有自然的地标，既没有什么"城市中心"，也没有"北"这个方向，更没有像英里这样的常用单位长度。平面上的网格，或者说**坐标系**，完全是我们主观构造出来，然后再放在平面上的。假想的平面上根本就没有水平或者垂直这样的概念，这些都是我们为了方便而创造出来的。当我们将平面坐标化时，通常我们会任意选择两个方向（一般是相互垂直的），并称其中一个为横轴，另外一个为纵轴。显然，对于这个问题，并不存在什么最佳解决方案。

我想，更详细地理解我们所做出的选择很重要。首先，我们选择一点作为参照点或者说原点。当然，这一点可以在任何位置，你可以选择将它放在你所希望的位置。其次，我们还需要选择单位长度，这也完全取决于我们自己。通常，我喜欢根据正在研究的物体和运动来选择参照点和单位长度，以便根据当前的情况对它们进行及时的调整。

最有趣的是选择两条直线。既然每一条直线都必须要有方向，这也就意味着我们必须要决定沿着每一条直线怎样算是向前的，怎样算是向后的。这样的话，与其认为我们选择的是两条直线，不如认为我们选择的其实是两个方向。这两个方向将是我们所建的坐标的横轴和纵轴的正方向。

不过，在选定了这两个方向之后，我们还需要做出一个选择。那就是，怎么来表示这两个方向。在街道地图中，通常我们会用字母表示其中一个方向而用数字表示另外一个方向，这样就可以避免混淆。但我们的情况却决定了这样做是行不通的，因为我们并没有无穷多个连续的字母。所以我们决定用次序来区分它们，我们先表示一个方向，再表示另外一个方向。如果你想称呼它们为横坐标和纵坐标，或者其他什么别的，那也没有关系，只不过我们需要记住这些词并没有什么实际的含义。像上和下、顺时针和逆时针、左和右、水平和垂直这些词，都是与我们的身体有关的用来指示方向的词。哪个词具体表示什么意思，通常与我们自身的习惯有关：如果我们让澳大利亚人和加拿大人指哪个方向是上，他们都会指从脚到头这个方向，但他们实际所指的空间的方向却（大体上）是相反的。

重要的是，我们需要选择两个方向，并指定其中一个为第一个方向，另外一个为第二个方向。这样，我们就选定了平面上的方向。特别地，我们也可以指定一个特定的旋转方向作为顺时针，比如说从第一个方向朝第二个方向旋转。因此，与直线上相同，平面上的参照系统也是由原点、单位长度和方向组成的。

下图就是两个非常好的坐标系（图中，我们用一个箭头表示第一个方向，用两个箭头表示第二个方向）。

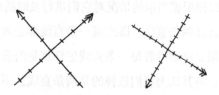

一旦我们建立了这样的坐标系，平面上的每一个点就会有一个唯一的标记，该标记由两个数组成。通常，我们用数对来表示这样的标记，

比如 $(2,3)$ 或者 $(0,\pi)$。

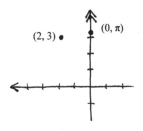

平面上两点之间的距离是怎样取决于这两点的坐标的?

与前面处理直线时一样，我们也可以将几何中平面上的位置与代数中的平移联系起来。平面的平移将会使平面上的所有点朝一定的方向移动一定的距离。值得注意的是，在这里，平移的平移也仍然还是平移。用方向准确、长度正确的箭头来表示这样的平移，是一种不错的方法。

像这样的箭头，我们称之为**向量**（vector，拉丁语"载体"的意思）。既然每一个平移都对应着一个向量，并且反之亦然，那么我们就可以说两个向量相加仍然还是一个向量。与之相对应的是，两次平移的结果相当于一次总的平移。

思考这样一个结论，最简单的方法就是将向量看成是一个指令，这

样就可以简单地认为向量相加是接连执行很多平移指令。

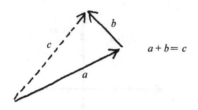

$$a+b=c$$

因此，几何中的平移与代数中的向量是等价的。我们之所以前面没有看出这一点，那是因为当时只有一条直线上的两个相反方向。当然，如果愿意，我们也可以将正数和负数看成是向量。

再来看看等比例缩放对向量的影响，这很容易看出来：它只是拉伸（或者缩短）向量的长度而不改变向量的方向。因此，我们可以讨论向量乘以 2 或者向量除以 π。同时，我们也能讨论向量的相反向量，也就是与原向量长度相等但方向相反的向量。显然，如果一个向量乘以负数，其结果就等于在拉伸长度的同时反转方向。

两个向量相减会是什么样子？

这里，我们再一次在等距平移与某种代数之间发现了同构。向量的作用是，它将几何信息转换成了代数信息。特别地，我们可以设想平面上有一个十分简单的以向量为基础的位置参照系统。同时，如果我们选择一个固定的原点，那么平面中的每一个位置都可以认为是从这个原点射出的箭头的顶点。

　　换句话说，平面中的每个点都对应着一个向量（相对于我们所选定的原点）。这样的参照系更像是雷达屏幕而不是街道地图。

**　　如果两个点分别用向量 *a* 和 *b* 表示，那么它们的中点应该用什么向量来表示？**

**　　你能够用向量代数证明三角形三个顶点到对边中点的连线相交于一点吗？**

　　向量与坐标之间有着非常简单且自然的联系。当我们建立坐标系时，我们会首先选择一个原点，然后再选择两个方向。我们可以认为这两个方向就是向量，而且最好的方法是用通常所称的**单位向量**来表示这两个方向。所谓单位向量，就是长度为单位长度的向量。这样，我们就有了第一单位向量和第二单位向量。

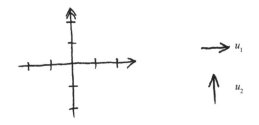

　　然后，我们就可以不再说某一点的坐标是 (2,3)，而是用下面这样的说法来代替：该点对应的位置向量是两个向量之和，即第一单位向量乘以 2 再加上第二单位向量乘以 3。也就是说，我们可以用像 $p = 2u_1 + 3u_2$ 这样的代数表达式来描述一点的位置。这两个方案之间并没有什么实质性的差异，只是视角和所使用的符号有差异。顺便说一句，我们建立的坐标系并不是必须是直角坐标系，也就是说，它的两个方向或者说单位向量不必是相互垂直的。即使这两个不垂直，我们建立的仍然是完全可用（尽管有些弯曲）的平面坐标系。

两个向量之间的夹角是怎样取决于它们的坐标的？

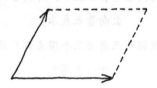

**以两个向量作为邻边可以形成一个平行四边形，请问该四边形
的面积是怎样取决于这两个向量的坐标的？**

3

那么，三维空间呢？我们也能够像前面一样定位其中的点吗？答案
是，我们的确可以，不过这一次我们需要三个方向。

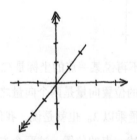

在三维的情况下，定位将包括三个（通常是两两垂直的）方向，按
照下面的顺序：第一个、第二个和第三个。这样，空间中的任意位置就
都可以用数的三元组 (a,b,c) 来表示，或者用等价的单位向量的加权和
$au_1 + bu_2 + cu_3$ 来表示。所有的性质都与前面的相同，包括等距平移与向

量代数之间的同构。同时，我们仍然需要谨记：参照系统是我们人类加在空间上的，它并不是空间本身的内在特征。我们这样做是为了能够记录运动的物体。要是我们足够聪明没有这样的系统也能够做到的话，我们肯定会那样做的。将坐标系安放在空间中，并不是一件什么愉快的事。它有些丑，如果有可能的话，我们应该尽量避免这样做。

无论如何，现在我们有了定位空间的方法：直线上的点可以用一个数来表示，平面上的点可以用数对来表示，而空间中的点则可以用数的三元组来表示。空间的维数每增加一维，我们的表示方法也就需要再增加一个数的位置，每一个新的位置都和新增的独立方向相对应。

这实际上也正是维数的含义——为了确定空间中不同的位置所需要的坐标的数量。因此，直线和曲线是一维的，平面和球面是二维的（因此利用经度和纬度就能够定位地球上的位置），而立方体之内的空间则是三维的。一个空间的维度粗略地、定性地描述了生活在那个空间中会是什么样子的——你拥有多少来回走动的自由。

那么四维空间的情况又会怎样呢？有这样的空间吗？如果我们对四维空间是否真的存在会有疑问，那么对于三维空间，我们可能也会有同样的疑问：三维空间真的存在吗？我想，三维空间看起来是存在的。（很明显）我们每天都在走来走去，也会感觉见到的各种物体看起来就像是三维世界的一部分。但是当你真正认真思考时，你会发现三维空间实际上只是一个抽象的数学概念——虽然其灵感来自于我们对现实世界的感知，但毫无疑问它是想象出来的。因此，我认为我们不应该将四维空间划到任何特殊的神秘类别中去。有各种维度的空间，但并没有哪一种维度的空间要比其他维度的空间更真实。现实生活中并不存在一维或二维的空间，维度"三"之所以会有任何特殊的地位，那是因为我们的感官给了我们这种特殊的幻觉。

我想表达的意思是，我们仍然可以用前面的方法来讨论四维空间中的位置，也就是用数的四元组。又或者，我们可以设想存在四个两两垂直的单位向量，这样四维空间中的位置就可以用它们的各种组合来表示。不过，最主要的区别是逻辑方面的——我们并没有四维的视觉或者触觉的体验，而且由于我们通常都是在纸上画一些图，而纸我们可以（粗略地）认为是二维的，因此在上面画四维的图会有一些问题。虽然这有一些恼人，不过令人欣慰的是，事实上图并不能够代表太多的东西。所以当我们想要理解四维空间中的概念或者证明某个结论时，就像学习其他任何数学内容一样，我们最终只能够依靠推理。

四维空间中的超正方体有多少个顶点？

因此，四维空间是存在的：它只不过是所有的数的四元组的集合。其他维数的空间也是同样的情况。如果我们愿意的话，我们也是可以在八维或者十三维空间中工作的。准确地说，我想我应该这样表述：四维（欧几里得）空间是直线上的点所有可能的四元组的集合；也就是说，四维空间中的每一个点都对应着一维空间中的四个点。另外，数的四元组的集合其实只是四维空间的地图，并不是四维空间本身。

还有一件事我觉得特别烦心，那就是当人们（特别是科幻电影中的角色）讨论所谓的"第四维"时。其实并没有什么第四维——就像没有第一维、第二维和第三维一样。（哪一个维度是第三维呢，宽度？）维度并没有什么顺序，它们并不是什么之前就已经存在的实体。因此，第四维是不存在的，存在的只是四维空间（它只是各种维度的空间中的一种）。换句话说，维度是附属于空间的一个数值，每一个空间都有一个维度；它就是在空间中定位所需要的坐标数量。

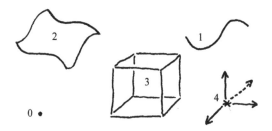

现代的观点将维度看成是不变量——事实上，维度是最稳定的不变量之一。空间能够承受最剧烈的变形和扭曲而保持其维度不变。比如，球的表面是二维的，无论你怎样拉伸它，破坏它或者扭曲它，它都始终是二维的。

维度在数学中最主要的作用是用作分类的工具。大部分人都喜欢将不同的事物分成几类，几何学家也不例外。和生物学家喜欢将各种各样的生物划分为不同的种类一样（如植物、动物和真菌），几何学家在面对大量的各种各样的形状时也会产生将它们分类的意愿，同时这种意愿也是很难抗拒的。

我们都知道，生物最重要的特征就是：它们都是有生命的，它们都能够转换能量以维持生命。我们可以用它们转换能量的方式来区分它们（如光合作用、呼吸或发酵）。比如，植物依靠光合作用产生能量，而动物只能够依靠消化食物，这就是动物和植物的区别。

在我看来，几何对象最重要的特征就是：它们都能够被度量。因此，依据度量的方式对形状进行分类是很合理的。曲线之所以不同于表面，那是因为长度和面积是不同的。

在某种程度上，这一点有一些微妙。当我们讨论圆的周长和面积的度量时，其实我们讨论的是两种完全不同的对象。周长是对圆这种曲线长度的度量，而面积则是对圆内部的表面即通常所称的圆盘的度量。类似地，几何学家将球的二维表面称为球面，而将立体的球称为球体。所以对于圆我们度量的是长度，对于圆盘或者球面我们度量的是面积，对于球体我们度量的则是体积。

因此，一维空间（也被称为曲线）对应一维的度量，也就是长度。相应地，二维空间（表面）对应的度量是面积，三维空间对应的度量则是体积。

四维空间中长方体的体积是多少？其对角线的长度又是多少？

请证明：四维空间中棱锥体的体积是对应的长方体体积的四分之一。

请问四维空间中类似于圆锥体的物体是什么？你能够度量出它的体积吗？如果换成球体，情况又会怎样？

维度在几何学中所起的作用就相当于界在生物分类中所起的作用：它是数学中最高级别的分类。虽然圆锥体的表面与立方体的表面会有一些差别，但要是相较于直线或者球体内的空间，这两者还是很接近的。

还有另一种考虑维度的方法也很不错，那就是假设有一些不同维度的形状，然后我们按系数 r 分别对它们进行等比例放大。这样，这些形状大小的改变就会以不同的方式取决于各自的维度。其结果是：曲线的长度会放大系数 r 倍，表面的面积会放大 r^2 倍，而立体的体积则放大 r^3 倍。因此，维度看起来就是放大系数的指数。

角的维度是多少？

为了描述运动，我们不仅需要有定位物体的方法，同时还要有知道

时间的能力。当然，我们讨论的并不是实际的时间，也就是现实世界中的时间（恐怕只有上帝才知道那到底是什么！），而是完全抽象的数学中的时间。与其他数学对象相同，它也是我们自己创造的。那么，我们想要数学中的时间表达什么意思呢？

最简洁的答案是：时间就像是一条直线，这条直线上的每一个点都代表着时间中的一个瞬间，在这条直线上左右移动则表示回到过去或者去往未来。选择用直线来代表时间很有意思，这样我们就能够用几何的方法去思考那些本身并不可见的对象（至少对我来说是如此）。

过去　　　　　　　　现在　　　　　　　　未来

那么，我们怎样才能知道现在的时间呢？自然，我们需要有某种时钟。但到底什么是时钟呢？答案是：时钟就是一种参照系统，是一种将数值分配给时间轴上每一个瞬间的方法。为了建立时钟，我们只需要做与建立空间坐标系时同样的事情：选定原点（时间的参照点）、单位时间和（顺时针的或者逆时针的）方向。这样做之后，我们就可以用一个数（正数或者负数）来表示时间轴上的每一个时刻。

有时我喜欢将运动看成是实验，同时把使用的秒表当作时间轴。这样，原点就是我开始实验的时间。如果我们称单位时间为秒（我们怎么称呼它都行），那么数值 2 表示的就是实验刚刚过去了两秒，而数值 $-\pi$ 则表示实验开始前的 π 秒。

自然地，与空间参照系相同，时钟的选取也是完全任意的。无论我们当前的目的是什么，我们都可以自由地设计时钟以满足我们当前的需要。

让我们设想有一点正以某种方式沿着一条直线在运动，其运动速度时慢时快，同时其运动方向也有可能会随时改变——总之，什么情况都有可能出现。再假定我们选择了合适的时间和空间参照系，这样这一点的位置以及当时的时间就都可以用一个数值来表示。

这样一来，我们就可以通过某一时刻这一点在某个具体位置精确地描述这一点的运动。比如，当时间为 1 时点在位置 2，像这样的信息（当时间为 1 时点的位置为 2）就构成了运动过程中的一个**事件**。知道了所有的事件信息就相当于知道了这个运动本身。几何上，我们可以用点对来表示这样的事件，其中一个点表示空间，另一个点表示时间，是点本身的运动将这两个点联系了起来。

当然，像这样的位置与时间之间的对应关系，知道一个甚至一百万个也是不够的。我们需要知道的是全部的对应关系。我们已经知道，如果不知道一个形状上每一个点的位置，我们是不能够度量一个形状的；对于运动也是同样的道理：如果不知道物体在每时每刻的位置，我们也是不能够度量这个运动的。这让我们重新回到了描述的问题上：除非一个运动有某种模式，并且这个模式是我们能够描述的，否则我们是讨论不了这个运动的。

这意味着，对于一个给定的参照系，表示位置的数值与表示时间的数值必须要满足某种数值关系，而且我们能够在有限的时间内将这种关系说明白。

例如，假定有一个点以稳定的速度运动，我们也选定了单位时间（称之为秒）和单位空间（比方说米），同时假定这点的运动速度为每秒 2 米。假如我们再校准时钟，使实验开始时这点的位置为 0。这样，当时间值为 0 时，这点的位置也为 0。

让我们将时间值缩写为 t，同时将位置值缩写为 p。这样一来，前面的表述就可以表示为当 $t=0$ 时，$p=0$。同时，当 $t=1$ 时，$p=2$；当 $t=2$ 时，$p=4$。我们甚至可以画下面这样一张表。

t	p
0	0
1	2
2	4

由于点是在做匀速运动，所以我们知道，位置的值总是会等于时间的值的两倍。因此，当 $t=\frac{1}{2}$ 时，$p=1$；当 $t=\sqrt{2}$ 时，$p=2\sqrt{2}$；而当 $t=-\pi$ 时，$p=-2\pi$（假设这一点在我们进行计时前也一直在运动）。

这就说明，我们是知道这个运动过程的每一个事件的，因为我们可以描述这一运动的模式。无论是"点以每秒 2 米的速度匀速运动"这样的表述还是更简洁的 $p=2t$ 这样的等式，其实都是在描述这一模式。需要注意的是，这两种描述都依赖于我们所选定的单位：如果我们选择了另外一个单位时间或单位长度，或者这两者都选择了另外的单位，那么即使是同一个运动，我们的描述也会不同。

事实上，如果有一点沿着一条直线朝一定的方向做匀速运动，那么我们总是可以适当地选择方向、单位以及原点从而建立起一个合适的坐标系，使得位置和时间的模式可以简单地表示为 $p=t$。当然，如果是两个点在同一条直线上以不同的方式运动，那么无论我们怎样选择，也不会存在这样的参照系，使得这两个运动的描述能够同时这样简单，即 $p=t$。

有两个点在同一条直线上运动，请问这两个点会在什么时间什么地方相撞？

还有另外一个（或许有些可笑的）运动的例子，那就是一个点静止不动。如果我们选择将这一点作为原点，那么这一点的运动（或者说静止不动）就可以表示为 $p = 0$。在这个式子中，t 根本没有出现。

这里的关键是，任何形如"位置的取值等于什么什么"（这里的什么什么可以依赖也可以不依赖于时间的取值）这样的关系，其实都是在描述一个特定的运动（相对于该参照系而言）。这之所以是必要的，是因为对于每一个时间的取值，这个模式都会产生一个唯一的、确定的位置取值。这就是运动——时间和位置之间的一种关系，它告诉我们每时每刻物体的准确位置。

前面在讨论形状时，我们想方设法地从对模式的描述中获取度量信息（如长度、面积、角度等）。同样地，现在我们也需要弄清楚该怎样描述运动的模式并将它转化为对度量有用的信息。我们需要知道下面这些情况：运动的速度是多少？运动朝哪个方向？运动了多远的距离以及运动这么远的距离花费了多长时间？

当物体沿着直线做匀速运动时，物体的位置和当前的时间之间
有着什么样的关系？

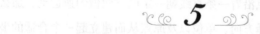

有一件事使得思考运动要比思考大小和形状困难，或者至少是让我们感觉两者不同，那就是运动是没有图的。形状是有形的，但运动只是一种关系。像关系这种东西，我们怎样才能够"看见"呢？

当然，我们可以自己画一幅图，这是一种思路。对于点沿着直线运动，我们可以设想有下面这样的图，时间是横轴而位置是纵轴。

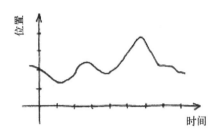

时间轴上的每一个数值都表示一个时刻，每一个时刻都会有一个位置的值与之对应。我们可以简单地将这些数值画在图上作为运动的模式的图示。

注意到我们最终所画出的图是一条曲线，而理解这条曲线对我们而言是至关重要的。它并不是这个点的运动轨迹（毕竟，这个点是沿着直线在运动），相反，它是这个点运动的记录。这个点本身是在一维空间中运动，而这条曲线，即我们所画出的这个运动的图，却在二维空间中。

这个二维空间十分有意思，值得我们研究。它并不完全是空间的，因为其中有一维表示的是时间；它也不完全是时间的，因为有另外一维表示的是位置。像这样的环境，我们称之为**时空**。我们可以认为时空中的点表示的是事件，这样运动就能够看成是事件的曲线。

沿直线的匀速运动，如果在时空坐标系中表示，会是一条什么样的曲线？

这样一来，我们就可以认为所有的运动都是静态的——空间中的运动等同于时空中的曲线，而曲线是不运动的。我们来看这样一个例子，设想一条直线上有两点相向运动，像台球一样相撞后，又各自反弹回来。对于这个运动，我们所画的时空图看起来应该是下图这个样子：

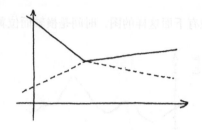

重要的是，我们应该能够看懂这样的图：这两点并不是在平面上运动，而是沿着直线运动。之所以画出的图是平面的，那是因为我们引入了时间这个维度。引入时间之后，一维空间中的运动就会与二维时空中的曲线相对应。研究台球及其他运动物体的物理学家都懂得这个道理。因此，他们并不会直接问物体在我们的世界中会怎样运动；相反，他们会将这个问题重新表达为：什么样的运动曲线在时空坐标系中是可能存在的？

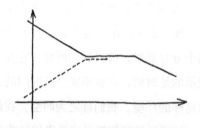

如果有两只虫子沿着桌子的边缘在爬，且它们运动的时空图如上图所示，请问在两个虫子之间发生了什么样的事情？

当然，在更高的维度上，这个结论也是成立的。比如，平面上的运动就与三维时空中的曲线相对应。对于三维的时空，我喜欢将平面的朝上的垂直方向想象成时间，这样一来，当一个点在平面上运动时，它的时空曲线就直接从那一时刻它在平面上的位置上升到空间中。

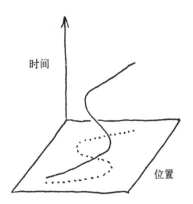

就这样，我们再一次得到了原来运动的固定的静态的几何表示。这里，其实我们是在用维度交换运动。这样，我们就得到了静态的图景而不是复杂的运动的图景，但代价是我们必须要增加维度。我们不一定总想进行这样的交换，但这至少可以作为我们的一种选择。

同时，这也意味着三维空间中的运动与四维空间中的曲线相对应。也就是说，你（你在这个世界上的整个生命轨迹）只是四维时空的一条曲线。事实上，由于我们都是由数以万亿计的不停摆动跳跃的粒子组成的，所以我们的生命更像是由万亿条互相缠绕的细线所形成的绳索，当然免不了有一些细线会飞走等情况。我们所生活的这个光怪陆离的世界中的所有事件（包括过去的、现在的以及未来的）都画在这个四维画布上，而我们只是其中细小的笔触。

请注意，这里的关键是，增加了一个维度，我们就能够把运动（空间与时间之间的关系）表示为曲线——单一静止的几何对象。

这就意味着**运动学**其实与几何学是相同的。物体怎样运动（它的运动方式）完全反映在它的运动曲线的形状中。理解一个空间中的运动与理解更高一维空间中的曲线等价。

因此，我们不仅能够利用几何来研究运动，也能够反方向利用运动来研究几何。有时，即使是完全由于几何原因而让人感兴趣的曲线，我们也可以认为它是某个运动的时空图像。运动与形状之间的联系来自于我们选择用直线来表示时间。特别地，如果我们愿意，任何几何直线我们都可以看成是时间轴。

平面上什么样的曲线能够作为一维运动的时空图像？

我想，我们在这里最需要理解的事情是，运动是一种关系，我们最主要的研究对象是这种关系本身。无论你怎样认为这种关系，认为它是空间中的运动也好，或者是时空坐标系中的曲线也罢，这些都是次要的。当我们在研究几何学或者动力学时，我们最终研究的并不是形状或者运动，而是它们所代表的关系。图或许是一种不错的表示关系的可视化方法，就像用图来思考运动可以给我们带来一些别样的启发一样，这样的图也能够给我们一些思路，但准确的度量信息只能够来自于关系和模式本身所具有的规律。

时间如果是二维的或者是圆形的，运动的时空图会有什么样的变化？

6

一开始我之所以想探讨运动，是因为我想理解诸如螺旋线与螺线这样的机械曲线。这些形状都是滚动的圆上的一点所形成的轨迹。除了直线上的匀速运动之外，这是我能够想到的最简单的运动了——点沿着圆周匀速运动。

当然，如果只是点在圆周上运动，那么从本质上说，我们遇到的情况与直线上的相同。我们可以选择圆上的任意一点作为参照点，再选择一个绕圆的方向作为正方向，这样用与得到带坐标直线同样的方法，我们就能够得到带坐标的圆。

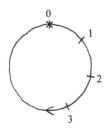

这样一来，我们就可以随时记录运动的点的位置。唯一的新问题是，由于圆是闭合的，因此坐标也将绕着圆转，这将导致圆上的每一个点都会有无穷多个坐标。每一个圆都有一定的周长（取决于我们所选定的单位长度），表示圆上同一点的所有不同坐标，它们之间的差值都是圆的周长的倍数。例如，假定我们选择了这样一个单位长度使得圆的周长为 1（这个表示这么简单，我们为什么不这样做呢？），这样我们建立的坐标系原点的坐标就会是 0 和 1，当然也可以是 2、3 和 –1 以及其他所有的正整数和负整数。

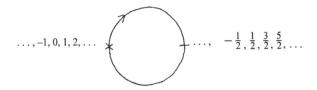

除了一个点会有多个坐标稍微有些别扭之外，其实圆和直线是相同的。我们可以用通常的方法来描述点在圆上的运动，也就是用点的位置与时间之间的数值模式。用来描述直线上匀速运动的简单关系式 $p = t$ ，也可以描述圆周上的匀速运动。

事实上，无论什么样的曲线，这个结论都是适用的。所有的曲线，我们都能够用这种方法将它们坐标化，因此描述一种曲线上的运动与描述其他曲线上的运动相同。换句话说，所有的曲线在本质上都是相同的。好吧，实际上这种说法并不完全准确，开放的曲线和闭合的曲线还是有差别的，但两者之间也只有这一点差别。从结构上说，任何两条开放的曲线都是等价的；同样地，任何两条闭合的曲线也是等价的。也就是说，如果两个空间都是一维的，那么我们是看不出这两者之间的差别的。如果我们在这两个空间中都选择原点、单位长度和方向，然后建立起坐标系，那么一个空间中的任何位置都会在另外一个空间中有一个对应的位置，而且没有任何实验可以检测出两者之间的差别——当然，需要排除这个实验，那就是沿一个方向一直走看我们是否还能够回到出发点。也就是说，从分类的角度看，有且仅有两种一维几何结构。（当然，我在这里排除了一种不好的可能性，那就是空间突然在边界点结束，比如有端点的线段。）

用现代的观点看，几何空间就是一种具有**度量**属性（也就是一种距离的概念）的空间。如果在两个几何空间之间存在一种能够保持点之间的距离不变的对应关系，那么我们就认为这两个几何空间是等价的。换句话说，保结构变换是等距的。

因此，假如有两条曲线，比方说一条是弯曲的而另一条是笔直的，我们可以用任何我们喜欢的方式将它们坐标化，这样就在这两者之间建立了等距关系。也就是说，我们用相同的数值标记将两条曲线上的点一一对应了起来，曲线上 0 点与 3 点之间的距离是 3，直线上 0 点与 3 点之间的距离也是 3。

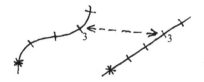

　　但如果说一条曲线和一条直线在几何上是等价的，那么"弯曲"这个词到底是什么意思呢？对于这两个形状，我们称其中一个为直线而另一个为曲线，我们到底又是在区别什么呢？

　　从本质上说，也就是说从内部的角度看，生活在这两个空间中的人有着完全相同的经验。它们之间的区别是外在的，即从外部所看到的视图。这两条曲线本身是相同的，不同的是它们嵌入空间的方式。它们之间的差别能够被生活在平面上的二维生物发现。比如，我们可以度量其中一条曲线上两点之间的距离（我指的是这两点在平面上的距离），然后与另一条曲线上度量同样坐标的两点所得的距离相比较。

　　很明显，这两次度量的结果并不相等。关键的问题是，一维的生物使用的是它们所生活的那个世界的直尺，它们度量不出相对于外面更大的世界它们所在的世界可能是怎样的弯曲。

　　因此，"弯曲"一词的意义是，一个空间以这样一种方式存在于另一个更大的空间之中，即这个空间内部的度量结果与外部空间的度量结果是不一致的。平面上的直线之所以是直的，那是因为无论是从内部还是从外部度量，我们所得到的距离都是相同的（当然，这里我们假设生活在一维与二维空间中的生物在度量时使用的是相同的单位长度）。

因此，弯曲和笔直都是相对的概念。一维空间本身并没有笔直或者弯曲这样的概念，直到你将它放入一个维度更高的空间中去。然后，我们就可以比较这两个度量空间。因此，与其说曲线本身是弯曲的，不如说将它放入更高维空间中的方式是弯曲的。

通常来说，当一个空间处在另外一个空间中时（无论是曲线在平面上，还是弧线在球面上，或者是圆环面悬浮在空间中），较大的父空间都会在较小的子空间上引入一种度量。这样，我们就可以比较子空间本身所具有的度量与父空间所引入的度量。如果两者的结果一致，那就说明我们将较小的空间等距地放入了较大的空间之中——我们可以称较小的空间为直的，或者是平的，或者是其他任何你愿意的称呼。否则的话，较小的空间就是弯曲的。

当然，这是一种现代的观点。根据这种观点，圆以及其他所有的曲线，本质上都是平直。思考圆是平直的，有一种不错的方法，那就是设想有这样一根端点很"神奇"的树枝。

这根树枝的端点的"神奇"之处在于，当你从树枝上的其他地方出发到达其中一个端点时，你就会立即出现在另一个端点处。换句话说，这两个端点代表同一个地方。重要的是，这样一个神秘的空间和通常的圆的概念并没有什么本质的区别。圆之所以是圆的，是因为它被放在平面上的方式。

你能够为平的圆柱面设计一种"神奇的平面"表示吗？

如果换成是平的圆锥面或者圆环面，又要怎样设计？

前面啰啰唆唆说了这么多，其实我想表述的是：只有与其他正在进行的运动比较，圆周运动才真正是圆形的。摆线就是一个很好的例子。形成摆线的点并不只是简单地沿着圆运动，圆同时也在直线上滚动。为了搞懂这样的运动，我们必须要知道圆周运动看起来是什么样子的，不仅需要从圆的内部角度去看，同时也需要从平面这个外部角度去看。

任何曲线都能够在度量不失真的情况下被拉直。这个结论对表
面也成立吗？
球面上的直线是什么？圆柱面、圆锥面以及圆环面上的直线又
分别是什么？

因此，我们应该问的问题是，圆是怎样被放入平面的？从本质上说，我们是遇到了两个有冲突的坐标系：一个是内在的圆形坐标系，另一个则是外围平面空间的坐标系。问题来了，这两个坐标系该怎样比较呢？

当然，无论是圆形坐标系还是平面坐标系，原本都是不存在的，它们都是我们自己选择创建的。如果我们做出了难看的、不好的选择，那么这些坐标系之间的关系也不会好到哪儿去。

那么，什么是我们的最佳选择呢？我们面对的情况是：圆位于平面上。我们要做的第一件事，就是在平面上选择一个参照点。这个圆的圆心就是我们的最佳选择，我想不出还有什么位置比这个位置更好、更对称了。

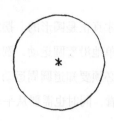

至于组成坐标系的两个方向，我们也可以使它们互相垂直。有了这样的约束条件，又由于圆是对称的，所以无论我们怎样选择这两个方向，其结果都会是一样的。因此，我们随机地选择一个方向，并称它为横向，另一个与它垂直的方向则称为纵向。在纸上，通常我们分别用从左到右与从下到上来表示这两个方向。当然，是否这样做，完全取决于你。假定现在我们采用了通常的做法，也按照习惯将横坐标当作第一个坐标。明确了系统的（或者说是我们自己的，无论你怎样认为都行）方向之后，下面我们还需要选择一个单位长度以建立完整的坐标体系。既然圆是我们目前唯一感兴趣的事物，我们不妨将其半径作为单位长度。

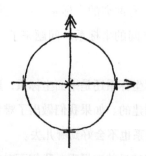

这样，我们的平面直角坐标系就建立起来了，平面上的每一个点（特别是那些圆上的点）现在都可以用由两个数组成的坐标表示了。比如，圆最上方的那点，它的坐标就是 $(0,1)$。

我们感兴趣的另一个坐标系是圆本身的坐标系，这是一个一维的坐标系。只要出现了曲线在平面上这种情况，几何问题通常就可以归结为一维坐标系与二维坐标系的比较问题。

为了建立圆形坐标系，我们需要在圆上选择一个参照点。这一点并没有什么特别合适的候选点。不过，我想我们还是可以从直角坐标系与圆的四个交点中选择一点，通常一般会选择最右边的那一点 $(1,0)$，虽然选择哪一点并不重要。下面就是选择顺时针方向还是逆时针方向的问题了，选哪一个作为正方向呢？同样，这一点也不重要，通常的选择是逆时针（也就是从第一个方向朝第二个方向）。因此，我们将从圆最右边的那一点开始，沿着圆周逆时针地标圆上各点的坐标。当然，我们将使用与直角坐标系相同的单位长度，这样就免去了不必要的转换。换句话说，度量该圆时单位长度也将是其半径。在这个坐标系下，圆的周长是 2π。因此，圆最上面那一点的坐标将是 $\frac{\pi}{2}$，也就是圆的周长的四分之一。（当然，由于圆是闭合的，这一点的坐标也可以是 $\frac{5\pi}{2}$、$-\frac{3\pi}{2}$ 以及无数个其他的值。）

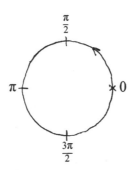

好了，下面到了关键的地方。圆上的每一个位置，现在都有两个坐标：一个圆形坐标系的坐标，另一个是平面直角坐标系的坐标。在圆形坐标系中，圆最上面那一点的坐标是 $\frac{\pi}{2}$，说明沿圆周它距起点的距离为 $\frac{\pi}{2}$；而它的平面直角坐标则是 $(0,1)$。圆形坐标系的原点，它的坐标当然是 0，但它的平面直角坐标则是 (1,0)。关于圆位于平面上，最基本的问题就是怎样在这两个坐标系之间进行转换。如果不能够在直角坐标系和圆形坐标系之间来回切换，想要理解滚动的球这样的事物是绝对不可能的。

假定圆上有一点，其圆形坐标为 s。这样，我们的问题就是：这一点的直角坐标，比如说 x 和 y，是怎样取决于 s 的？

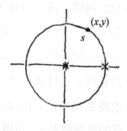

根据直角坐标系的建立方式，我们知道当 $s = 0$ 时，$x = 1$ 且 $y = 0$。我们甚至可以做出下面这个包含四个点的表，这四个点是圆与直角坐标系的交点。

s	x	y
0	1	0
$\frac{\pi}{2}$	0	1
π	-1	0
$\frac{3\pi}{2}$	0	-1

但对于其他的点，两者之间的对应关系则不那么明显。比如，我们来考虑圆周上原点与最上面那一点之间的中点。它的圆形坐标当然正好是 $\frac{\pi}{4}$，也就是整个圆周的八分之一。但在两个方向分别是从左到右、从下到上的直角坐标系中，这一点的坐标又是多少呢？

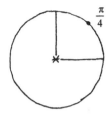 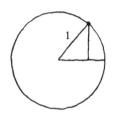

一种求解方法是作一个辅助用的直角三角形，连接这一点与圆心，再过这一点作直角坐标系横轴的垂线，由此就形成了一个直角三角形。因为这一点到圆心的连线与直角坐标系横轴的夹角是周角的八分之一（或者说45度），所以我们知道这个三角形正好是正方形的一半。同时由于我们所选的单位长度就是圆的半径，所以该三角形斜边的长度为 1。因此，它的两条直角边必然都等于 $\frac{1}{\sqrt{2}}$（这是因为正方形的对角线是其边长的 $\sqrt{2}$ 倍）。所以，当 s = $\frac{\pi}{4}$ 时，x = $\frac{1}{\sqrt{2}}$ 且 y = $\frac{1}{\sqrt{2}}$。

或者，我们也可以这样推理，因为这个三角形是斜边为 1 的直角三角形，所以它的两条直角边正好是其中一个锐角的正弦和余弦，只不过这里这个角刚好是八分之一周角。

一般而言，这就是我们所能得到的最好的结果了。对圆上的任意一点，我们都能够作一个与上面类似的直角三角形，并且我们只能够通过这一点到圆心的连线与直角坐标系横轴夹角的正弦和余弦来求出这一点的直角坐标。

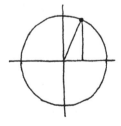

从根本上说，圆上一点的圆形坐标与从原点逆时针到这一点的弧长

相对应，而这个弧的长度则和它所对应的圆心角的大小直接相关。这一点的直角坐标，则是根据这个圆心角所作的直角三角形的两条直角边的长度，也就是我们所说的这个角的正弦和余弦。我想，像圆与直角三角形这样简单的形状能够有这样一种联系，是不足为奇的。

　　不过，这里也有一些微妙的细节需要处理。第一个就是，这一点到圆心的连线与横轴所形成的圆心角有可能太大，不能够作为直角三角形的一个内角。

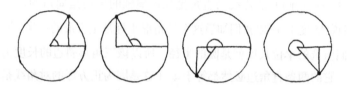

　　从点以原点为起点到逆时针绕圆周旋转一周，它所形成的圆心角也从 0 度变成了周角，我们称这个圆心角为角 A。当角 A 比较小的时候，这一点的横坐标和纵坐标就简单是 $\cos A$ 和 $\sin A$。

　　当点经过圆最上面的一点（也就是圆形坐标为 $\frac{\pi}{2}$ 的点）之后，对应的直角三角形就到了圆的另一侧，它的内角就不再是角 A，而是角 A 的补角。这与前面我们度量三角形时所遇到的情况完全一样。前面处理三角形时我们最终决定：当角 A 在这个范围内，也就是这一点的圆形坐标在 $\frac{\pi}{2}$ 到 π 之间时，将其余弦定义为其补角余弦的相反数是最合适的。幸运的是，当角 A 在这个范围内时，它的余弦也正好是这一点的横坐标。在前面的章节中，我们遇到这样一个问题：一端钉在一起形成夹角的两根树枝，要度量其中一根树枝的端点到另一根的距离。现在的问题则是确定圆上一点的直角坐标。这样两个不同的问题，都需要对正弦和余弦的定义进行同样的扩展，并不是偶然的。这是因为我们创造的数学对象都是美丽的，而美丽的事物，诸如水晶，则有着惊人的一致性：它们都遵循一定的模式，并且不喜欢这些模式被破坏。

圆形坐标为 $\frac{3\pi}{4}$ 的点，在直角坐标系中的坐标是多少？

类似地，在这个范围内（四分之一周角到二分之一周角之间）对角 A 的正弦的扩展，则是使 $\sin A$ 与其邻角的正弦相等，而不是等于它的相反数。这样处理，既能够使正弦定理对于更大的角仍然成立，同时我们也能够正确地求出这个象限内点的纵坐标。

实际上，这里我们有这样两个问题：三角形的度量以及圆形坐标系与直角坐标系的比较。好在结果表明它们是相同的，更准确地说，角的正弦和余弦其实是我们正在处理的圆的问题的特殊情况，也就是当角比较小时。前面我们通过直角三角形中边的比例来定义角的正弦和余弦，现在我们又给出了一个新的定义；不过幸运的是，它与旧的定义并不冲突。这其实是数学中反复出现的一个主题，即将一个质朴的概念推广到更广泛更一般的情况。

因此，对任何一个角，下面我们都会给出它的正弦和余弦的定义。当角比较小时（在零和四分之一周角之间），我们已经知道它的正弦和余弦的定义，其值就是这个角对应的斜边为 1 的直角三角形的直角边长。当角在四分之一周角和二分之一周角之间时，我们所求的则是它的外角的正弦和余弦，也就是该角的正弦等于其外角的正弦，而余弦则等于其外角余弦的相反数。无论是哪一种情况，这个角的正弦和余弦都是圆上与它对应的点在直角坐标系中的纵坐标和横坐标。自然地，我们进而计划用这种方法来定义任意角的正弦和余弦。也就是说，每个角在圆上都有一个对应的点，一个角的余弦就是它的对应点的横坐标，而正弦则是它的对应点的纵坐标。

为所有是十二分之一周角（30度）倍数的角做一个正弦和余弦
的表。

如果两个角的和是一个周角，那么这两个角的正弦和余弦会有
什么样的关系？如果两者之和是半个周角呢？

经过前一节的讨论，现在我们知道：对于圆上的点，如果它的圆形
坐标为 s，而直角坐标为 x 和 y，那么我们有下述等式成立：

$$x = \cos A,$$
$$y = \sin A.$$

其中 A 是直角坐标系的横轴以圆心为中心点逆时针旋转直到与圆上这一
点到圆心的连线重合时所形成的夹角。（当然，从某种意思上说，这两个
等式并没有什么实质性的内容；它其实只是再次表述我们用代数方法度
量三角形失败了。）不管怎样，现在整个问题都归结为角 A 如何取决于 s。

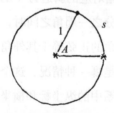

数 s 表示的是长度，也就是从圆形坐标的原点沿圆周逆时针到圆上
一点的距离，而 A 则是与之对应的角度。习惯上，一般认为长度和角度
之间的关系不会太友好，两者之间更多的是不信任与不满，同时正弦和

余弦之间也是如此。但这种看法其实只适用于角度和直线长度，至于角度与圆弧长度之间的关系，情况则完全不同。事实是，角度与圆弧长度之间的关系简单得不能再简单了：两者是成比例的。具体地说，周角与完整的圆周长度对应，半个周角与圆周的一半对应，其他的则依此类推。因此，取决于我们所选择的长度和角度单位，这两个值可能只相差一个特定的系数。特别地，如果我们选择用半径作为单位来度量长度，同时选择用周角作为单位来度量角度（这正是我们现在所做的），那么这两个值之间的关系就会简单地是 $s = 2\pi A$。

现在，让我们用下面这个结论来结束对这个问题的讨论吧。那就是，我们可以通过如下两个简单的等式对圆形坐标与直角坐标进行转化：

$$x = \cos(s/2\pi),$$
$$y = \sin(s/2\pi).$$

其实就是，如果我们知道了一个点的圆形坐标是 s，我们只需要先用它除以 2π，这样就将它转化成了以周角作为度量单位的角度；然后再使用正弦和余弦将角度转化为长度 x 和 y。至于这两个值的正负号，我们在给出正弦和余弦的新定义时已经考虑到了。这样，我们就得到了圆上这一点的直角坐标。

这里唯一有些繁琐的事情是，我们必须要先将圆弧长度也就是弧长转化为角度，然后再将这个角度再转化为一组长度。我们之所以需要这样做，有下面两个原因。第一个是我们所选择的单位，这里我们选择用周角作为单位度量角度。当然，如果我们选择用度数来度量，情况可能会更糟糕，因为此时需要通过更复杂的等式 $A = \frac{360}{2\pi}s$ 才能够把弧长转化为角度。这里的问题是，什么单位才是度量角度最好的单位呢？绕圆一周，我们认为它是 360 度好，还是认为它是一个周角好呢？或者还是什么别的好呢？当然，这其实并不重要，它只是一个使用是否方便的问题。不过，不管怎么说，使用起来方便都是一件好事。我的感觉是，对于多边形的度量（比如前面我们在寻找用正多边形瓷砖铺满地面的可能方案时），使用相对于周角的比例来度量角度不仅简单而且自然。不过，既然现在我们比较的是圆形坐标系和直角坐标系，这样做似乎比较笨拙。说实在的，我并不喜欢 2π 这个转化系数。

还有一个原因，那就是我们对正弦和余弦所起作用的理解。我们一直都很自然地认为，它们的作用就是将角度转化为长度，或者更确切地说，是转化为长度的比。这必然意味着，只要我们是想要度量圆或者圆周运动，我们就必须要从角度入手。不过，这个观点看起来似乎并不正确。

下面说说我的方案，它表明我们也可以不从角度入手。这个方案比较现代，同时可能看起来有些奇怪和随意。不过，还是请耐心听我说完。首先，我们将选择一种全新的方法来度量角度。周角，将不再等于 360 度或者什么其他的度数，同时它也不再是度量角度的单位。周角将直接等于 2π。也就是说，我们将通过圆形坐标系来度量角度。因此，直角就等于 $\frac{\pi}{2}$。

$$\frac{\pi}{2}$$

这种方法的优点是，角度和弧长不再需要转化。弧长就是角度。更准确地说，我们是用弧长与半径的比值度量角度。

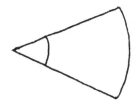

因此，角度其实只是长度的比值。更进一步地说，我们不应该继续认为正弦和余弦转化的是角度，相反，应该更抽象地认为它们的作用其实是进行数值的转化。我们可以通过自己对圆形坐标系与直角坐标系的理解来重新定义正弦和余弦：一个数的正弦和余弦就是其圆形坐标等于此数的圆上一点的直角纵坐标和横坐标。例如，π 的余弦是 -1，$\frac{3\pi}{4}$ 的正弦是 $\frac{1}{\sqrt{2}}$。

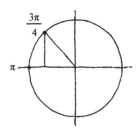

现在这样处理，其实和前面并没有什么真正的区别，只是所选择的单位以及我们的看法不同而已。好处则是，现在我们不用再考虑角度了，并且可以这样表述前面的结论：如果圆上一点的圆形坐标是 s，那么这一点的直角坐标分别是：

$$x = \cos s,$$
$$y = \sin s.$$

无论 s 的取值是多少，这个结论都是成立的。当然，其实这只是重新表述我们所给出正弦和余弦的新定义。我想它的实质内容与我们前面的解释并没有什么差异。正弦和余弦的作用就是将圆形坐标转化为直角坐标。打个比方，如果说一维圆形坐标是圆卯，而二维平面直角坐标是方榫，那么正弦和余弦在数学中所起的作用就是巧妙地"将圆卯敲入方榫"。

证明 $\cos(-x) = \cos x$ ， $\sin(-x) = -\sin x$.

$a+b$ 的正弦和余弦与 a 和 b 正弦和余弦会有什么样的关系？

请画一张展示数的正弦和余弦是怎样随着该数取值的不同而改变的图。观察这张图，你发现什么模式了吗？

要说最简单的非线性运动，我能想到的就是一点沿着圆形路径匀速运动，一般称之为**匀速圆周运动**。为了描述这样的运动，像往常一样，我们还是需要首先选定一个时间和空间的坐标系，也就是根据实际情况安上合适的时钟并构建合适的地图。

自然，为了使问题最简单，我们可以将圆的半径当作单位长度，同时选择这样一个单位时间，它可以使点的运动速度为 1（换句话说，就是将点运动一个单位长度的弧长所需要的时间当作单位时间）。这样选定之后，描述这个运动就变得非常简单了：设 s 是运动的点的圆形坐标， t 是当前的时间，那么这个运动就可以简单地用 $s = t$ 表示。

当然，如果我们关注的是这一点与其他外部对象之间的关系，比如说与平面上的其他点或者直线之间的关系，那么我们则会选择从平面的角度去描述这一运动。此时，我们可以通过建立平面直角坐标系来做到这一点，然后再用直角坐标系的横坐标 x 和纵坐标 y 来描述这一点的运动。最简单的直角坐标系就是前面我们所建立的直角坐标系，以圆心作为原点，其他要素不再重复。如果我们这样调整坐标系，使得这一点逆时针运动，同时使得它的原始位置（即当 $t=0$ 时的位置）为通常的起点，亦即坐标为 $x=1$，$y=0$，那么我们就可以用下面这组关系来描述这一运动：$s=t$，$x=\cos s$，$y=\sin s$，或者用下面这两个更简单的等式来描述，即

$$x = \cos t,$$
$$y = \sin t.$$

这组等式完整地描述了这一运动的模式。通过这组等式，对任一时刻 t，我们都能够明确地表示（虽然是用的是超越数）运动的点的准确位置。

如果这一点顺时针运动，那么情况又会怎样？

现在，我们来看看这一运动的时空图像，它相当有意思。由于这一运动发生在平面上，所以它对应的时空曲线是三维的，其中每一个点都有坐标 x、y 和 t。让我们揭开谜底吧，匀速圆周运动所对应的时空曲线原来是螺旋线。

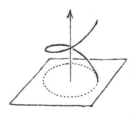

这里的思路是，当这一点沿着圆运动时，时间也在流逝，所以时空曲线在时间这个方向上一直是向上升起的。因此，平面上的匀速圆周运动所对应的三维时空中的曲线就是静止的螺旋线。

令人惊奇的是，既然在时空坐标系中螺旋线可以表示圆周运动，那么我们也可以用圆周运动来描述普通的三维空间（非时空空间）中的螺旋线。也就是说，如果空间中有一条螺旋线，那么我们可以用点 (x,y,z) 的集合来表示它，其中

$$x = \cos z,$$
$$y = \sin z.$$

这里的关键是，无论我们怎样认为，认为 z 是空间坐标也好，或者认为 z 是时间坐标也罢，其实 z 只是一个数。现代哲学将所有的事物，如形状、运动、角度、速度等，都看成是数，这样我们就能够有最大的灵活性。特别地，只要我们愿意，任何时空中的图像都可以看成是普通的空间中的图像。

我们应该怎样描述沿着螺旋线的匀速运动？

因此，我们不仅可以建立不同的坐标系并利用不同坐标系之间的关系来描述运动，我们也可以用同样的方法来描述静止的物体。比如像球面，我们就可以认为它是三维直角坐标系中所有满足如下关系的点 (x,y,z) 的集合：$x^2 + y^2 + z^2 = 1$。有了这样的数值关系，我们就可以对球面进行度量并推导它有哪些性质。

为什么 $x^2 + y^2 + z^2 = 1$ 这个关系等式描述的是球面？
你能够在三维直角坐标系中构造出圆锥面的坐标表示吗？

上面所展示的其实是这样一种思路，那就是通过对形状上点的坐标的描述来表示几何形状。正是这种思路为我们提供了一种丰富而灵活的形状描述语言，而且它所揭示的代数与几何之间的关系可以说是数学中

最美妙最迷人的成果之一。

你能够构造出匀速圆周运动中半径 r 和速度 v 之间的等式吗？
请证明，平面内所有直线上的点的坐标都满足形如 $Ax + By = C$
这样的等式。

现在就让我们试着来描述摆线吧。由于摆线是滚动的圆上一点的运动轨迹，因此我们首先需要做的是准确地描述这一点的运动。那么在任意给定的时刻，这个运动的点到底在什么位置呢？当然，我们需要做的第一件事是建立一个合适的坐标系。

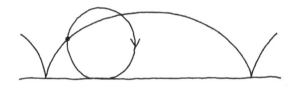

通常我会做出如下的选择：以圆的半径作为空间中的单位长度，同时将圆盘一直在其上滚动的直线作为坐标系的第一个方向（圆盘滚动的方向作为正方向），原点（不仅是空间上的同时也是时间上的）则选择为这一点与这条直线相切的这个时刻，也就是这一点位于圆的最下面的位置的这一时刻。

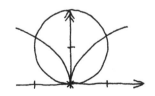

好了，现在只剩下单位时间没有选择了，其实选择单位时间与选择圆盘的滚动速度等价。当然，无论我们怎样选择，结果都是一样的；无论圆盘是滚动得快还是慢，最终所形成的曲线都会是摆线。所以我们不妨选择一个使圆盘的滚动速度变得很简单的单位时间，现在我们假定圆盘的滚动速度是 1。我的意思是，如果我们单独地观察圆盘，使圆盘脱离它一直滚动在其上的直线，那么运动的这一点是匀速沿着圆周运动的。

事实上，从不同的角度去看同一个运动也很有价值，通常称之为相对运动。比如，我们所讨论的这个运动，如果让位于平面上某个位置的虫子去看，它会认为是在固定直线上滚动的圆盘上的一个点在运动；如果让自身就位于圆盘上的另外一只虫子去看（假定虫子位于圆心），则它看到的是这个点在绕它运动，而直线则在向前运动。

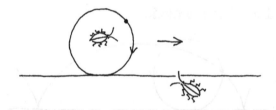

这里的关键是，这两只虫子所看到的既不能说对，也不能说错；如果从它们各自的角度来看，它们的观察结果都是对的。但更重要的是要使它们彼此能够交流，这就是用向量的方法来表示运动特别方便的一个原因：既然位置已经用位移表示，要调整为其他人的视角也就变得很简单了——只需要再加上另外的位移。

关于这个问题，下面我将尽最大的可能说清楚（假设到目前为止我都是故意含糊不清的）。让我们来看一看我们所讨论的这个运动的点的向量表示，它所对应的向量其实也就是从原点到这一点所在位置的位移。

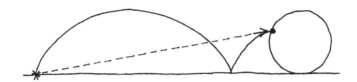

当然，这个向量一直不停地在变化，而且变化的方式也很复杂。这就是整个问题的关键，摆线运动并不是那么简单，它所对应的向量的长度会越来越长，并且以一种很微妙的方式一会向上旋转一会又向下旋转，而这种微妙的方式正是我们想要准确描述的。

相对运动的想法就是要试着去找另外一个角度，使得从这个角度去观察运动会更简单。比如这里，我们就可以从圆心的位置去观察摆线运动。

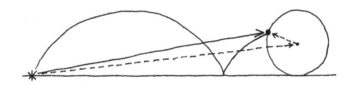

现在我们可以将做摆线运动的点所对应的向量（该向量描述的就是摆线运动）看成是两个简单向量的和了，这两个向量分别是从原点到圆心的向量以及从圆心到这一点的径向向量。圆心的运动之所以简单是因为它不再涉及旋转，而径向向量之所以简单则是因为它只涉及旋转。

这个技术非常有用：我们只是适当地转换了观察的视角，复杂的运动现在就分解成了几个简单的运动。而且我们还可以更进一步：我们可以不再从原点观察圆心，而是从比原点高一个单位长度的位置去观察圆心，这样结果会更好。

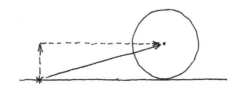

　　这也就意味着，我们将从原点到圆心的向量分解成了两个向量之和：其中一个是向上的长度为单位长度的向量，另一个则是水平向右的、从向上的向量的终点到圆心的向量。这两个向量所对应的运动也都是很简单的运动，因为它们的方向都一直保持不变。事实上，第一个向量不仅方向不变，它的长度也是不变的。

　　至此，我们将滚动的圆盘上一点的相对复杂的摆线运动分解成了三个简单得多的运动：一个是使观察点上升到圆盘圆心的高度的常向量，另一个是从新观察点即常向量的终点到圆盘圆心的水平向量，最后一个则是从圆盘圆心到旋转的这一点的向量。

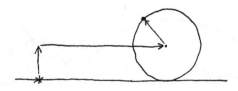

　　当然，分解为三个更简单的向量之后，我们还是需要准确地描述这些向量怎样随着时间的变化而变化。让我们用 t 来表示当前的时间，用 u_1 表示水平（正）方向的单位向量，用 u_2 表示垂直方向的单位向量。

　　我们首先来讨论从圆盘圆心到运动的这一点的向量。实际上，这是一个简单的匀速圆周运动，以圆的最下面的一点为起点（也就是我们所选定的当时间 $t = 0$ 时运动的这一点所在的位置），沿顺时针方向旋转（因为我们选择的是圆盘向右运动）。

如果运动的起点是圆的最右边的点，并且这一点是逆时针运动，那么我们遇到的情况就与前面讨论圆周运动时完全一样，也就是运动的这一点的横坐标和纵坐标分别是 $\cos t$ 和 $\sin t$。也就是说，从圆心到这一点的向量就简单地是 $(\cos t)u_1 + (\sin t)u_2$。不过，既然现在以是圆最下面的点为起点而且又是顺时针运动，所以从圆心到这一点的向量应该修正为

$$(-\sin t)u_1 + (-\cos t)u_2.$$

也许理解这一结论的最好方法，就是将横坐标和纵坐标分开来考虑。这一点的横坐标最开始时值为 0，然后减小为 -1，又再变为 0，再增大为 1，最后又减小为 0，如此反复变化。$\sin t$ 正是这样变化的，只不过取值相反，因此横坐标是按照 $-\sin t$ 的规律变化的；纵坐标的情况也类似，只不过是根据余弦在变化。或者我们也可以这样理解，如果有一个人站在平面的另一边并且从侧面观察，那么这一点就会以习惯的方式运动，即以圆最右边的点为起点逆时针运动。如果是这样观察，就会有交换横纵坐标再取反的作用。我想，这样会更让人感受到相对的作用。不管怎么说，现在我们准确地描述了从圆心所观察到的这一点的运动。

点沿着圆周做匀速运动时，起点可以是以下四个点中的任何一个，即圆最上面、最下面、最左边和最右边的点，方向则可以是顺时针或者逆时针。在不同的情况下，我们要怎样描述这个运动的点的坐标？

接下来我们需要描述的就是圆心自身的运动。这个运动所对应向量的垂直部分很简单，它就是 u_2。不过，它的水平部分处理起来却比较麻烦。也许度量水平部分运动最简单的方法，就是让圆盘完整地滚动一圈。

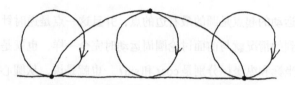

由于圆盘是在滚动（也就是说它不是在滑动或滑行），所以滚动一圈就相当于将圆的周长水平地铺在直线上。换句话说，圆盘在直线上运动的距离就是圆的周长。这说明，在运动的这一点旋转了一周的这段时间内（因此运动的距离是圆的周长），圆心也在水平方向上运动了同样的距离。

这就说明，圆心水平运动的速度与这一点绕圆旋转的速度相等，而且前面我们将圆旋转一周所需的时间作为单位时间，也就是圆旋转的速度为 1，所以圆心水平运动的速度也为 1。你明白这些了吗？这其实就是这个问题到目前为止最难的部分了——解释清楚"滚动"到底是什么意思。

圆心水平运动的速度与这一点旋转的速度完全相等，这个结论还是很漂亮的。具体到代数上，它的意思就是，水平向量就简单地是 tu_1。也就是说，水平向量的方向是水平正方向，而其长度则总等于 t，因为运动的起点为 0 且运动的速度为常量 1。

将这三个向量相加，我们就得到了运动的这一点所对应的向量 p，即 $p = (-\sin t)u_1 + (-\cos t)u_2 + u_2 + tu_1$。

作为一个相对运动的例子，它不会比你看到的其他示例差。在这个例子中，我们根据观察角度的不同，将复杂的机械运动分解成了几个简单的运动。

如果你愿意，你也可以将这一点所对应的向量重新表示为坐标形式。向量 p 水平方向的分量包含单位向量 u_1 的数量是 $t - \sin t$，垂直方向的分量包含单位向量 u_2 的数量则是 $1 - \cos t$，因此我们可以将这一运动表示为：

$$x = t - \sin t,$$
$$y = 1 - \cos t.$$

其中 x 仍然表示这一点在任意时刻 t 的横坐标，y 则表示这一点的纵坐标。考虑到这个运动看起来很复杂，这样的描述可以说相当不错了。

下面让我们来检验一下这组关系式。当 $t = 0$ 时，我们可以算出 $x = 0$ 且 $y = 0$。不错，它表明这一点运动的起点是原点，与我们前面的选择相同。当 $t = 2\pi$ 时，$x = 2\pi$，$y = 0$，这也与我们前面得出的结论一样，即点旋转一周后圆盘运动的距离为 2π。

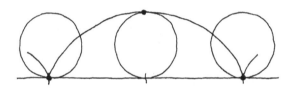

我们也可以看一看圆盘运动到一半路程时的情况，此时 $t = \pi$，$x = \pi - \sin \pi = \pi$，$y = 1 - \cos \pi = 2$，也与我们预期的一样。这样的结果还是比较令人满意的，这说明我们并没有犯任何显而易见的错误。

现在，我们终于准确地描述了滚动的圆盘上一点的运动了。

如果平面上有两个点相向运动并且最终它们会相撞，那么在相撞之前，其中一个点在另外一个点看来是怎样运动的？

两个点在一条直线上匀速运动，如果从它们的中点（中点可能是运动的）观察，那么我们会看到什么样的景象？

你能够描述其运动轨迹是内摆线或外摆线的一点的运动吗？

如果运动轨迹像万花尺画出来的曲线呢？

$$\mathcal{C} \odot \underline{11} \, \odot \, \mathcal{O}$$

上一节中我们解决了摆线运动的描述问题。现在我们能够准确知道这个运动的点在任意时刻的位置了，即我们可以通过下面这组关系等式来准确描述这一点的位置：

$$x = t - \sin t,$$
$$y = 1 - \cos t.$$

这里其实我们是对摆线进行了编码，也就是用符号来表示形状信息。具体地说，我们用一组静态的（同时也有一些神秘的）方程代替了对滚动的圆盘上一点的几何描述或者说视觉描述。那我们为什么要这样做呢？为什么我们要用丑陋复杂的符号替换简单漂亮的图呢？我想，对于这个问题，大部分人都不会被类似"不错，我们得到方程啦"这样的回答打动。通常他们都会持这样的怀疑态度：方程中能够有什么美丽和浪漫吗？

当然，我们之所以要这样做，是因为从长远看，这样做是值得的。在文学和音乐中就发生了同样的事情。也许在书面语言产生的时候，就有一些口述传统的浪漫消失了——包括作者的声音、他说话时的举止以及抑扬顿挫的声调。当我们使用书面文字时，所有这些都被我们放弃了。但用符号来表示语言有很多优点也同样是毋庸置疑的，而且只要你愿意，谁也阻止不了你大声朗读。其实书籍并没有破坏口述传统；相反，它扩展了口述传统，而且也让我们可以选择一种不同的心理体验。当然，同时它也保存了信息。

用音乐符号来进行类比会更贴切一些。乐谱其实就是以符号的形式来对音乐信息进行编码；换句话说，乐谱就是一种速记法。我们必须要这样做吗？当然不是，就算没有乐谱，作曲家也依然可以作曲。那么它使用起来很方便吗？对，特别方便。

音乐中的一个想法就是将音乐信息快速准确地传达出去。由于我们使用了简洁的符号对音乐信息进行了编码，所以可以很容易地将音乐传递给其他人。任何音乐家都能够阅读乐谱并且能够马上理解它所表示的乐曲。这样音乐就失去浪漫了吗？显然没有，但这样做的确造成了文化壁垒，那些读不懂乐谱的人在一定程度上被排斥于音乐之外了。事实上，每当我们发明一种新的符号编码系统时，都会产生相应的文化壁垒问题。能够以一种简洁的形式准确地交流想法，这当然很不错；但问题是，你必须要首先学习如何阅读这种用来交流的符号。

对于形状和运动，我们目前就处于这样的情况。利用笛卡尔的使用坐标系描述位置的思想，即使是一些很复杂的运动，现在我们也可以用准确简洁的方式来表示（即用方程组来表示运动）。这种方法的优点是，我们可以很容易地将信息写到纸上，也不用再画一些很复杂的图。当然也有不好的地方，那就是我们必须要特别小心。如果注意到音乐和代数符号是多么精密，我们就会知道，其中一个符号的变化都可能会完全改变整个表达式或者整首乐曲所要表达的意思。不过这还并不是最大的问题，最大的问题在于我们必须要学会熟练地运用这种符号语言。而且，我们不能满足于仅仅能够读懂这些符号并进行一些转换，而是需要达到能够运用这种符号语言来创造和探讨美的事物这样的水平。每一种符号语言的发明都会创造一种相应的文化，无论是音符、文字还是数学符号，它们都有着其自身的浪漫。

事实上，我们还可以更进一步地探讨音乐与数学之间的类比。那么一首乐曲究竟是什么呢？难道它不是声音的运动吗？让我们用钢琴的键盘能够表示的音符作为乐音的空间，也就是我们的点或者说符号将要在其中漫游的空间。乐谱则是这个空间的地图，其中的线和空白则是可能的位置，而且这些位置也有中央 C、高音 B♭ 这样的坐标。

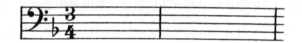

与其他地图一样，乐谱也有方向（位置越高音也越高，反之位置越低音也越低）和单位（小节），不同的谱号和调号则是这个坐标系的原点。这样，一首乐曲就可以用音高−时间来表示。水平方向度量的是时间（时间以节拍为单位，而原点则表示的是一首乐曲的开始）。黑色的小圆点则表示音乐中的"事件"。（我想，我们也可以考虑将响度作为我们的音符点空间的另一个维度。这样，一首乐谱就可以看成是真正的二维运动图。）

从这里我们可以看出，作曲家和数学家都根据他们要描述的问题建立起了合适的坐标系，并且运用符号语言表示其中的模式。正如优秀的小提琴手看一眼乐谱就能够在她们的头脑中听到音乐一样，经验丰富的几何学家在见到一组方程时，也能够看到或感受到它所表示的形状或运动（至少在方程比较简单的情况下能够做到这一点）。

你能够用坐标来描述螺线运动吗？

$$12$$

截至现在，我们一直在讨论的都是表示的问题。当我们用一个事物去表示另一个事物时，总是会产生一些很有意思的哲学推论。首先，我们会遇到这样一个问题，那就是到底是谁在表示谁。是乐谱是声音的转录，还是演奏是乐谱的表演？又或者乐谱和演奏都表示的是相同的抽象的音乐想法？

具体到我们的情况，我们有一个几何对象（某一个形状或者运动）以及用来表示它的一组方程。那么，真实存在的是形状，而方程只不过是形状的比较方便的代数表示方法吗？还是我们可以将方程（也就是数之间的模式）看成是我们真正感兴趣的对象，而形状或者运动只不过是方程的视觉或者力学表现罢了？

当然，从前面的章节中我们就已经知道，图本身并不是特别有用的描述工具（它们所起的作用主要是心理上的）。而且，当我们谈起圆时，我们讨论的并不是图而是用语言描述的这样的模式，即到定点的距离等于定长的所有点的集合。笛卡尔认识到，如果我们能够用语言精确地描述一个形状或者运动，那么我们也同样可以用数值模式来描述这个形状或者运动，并将其表示为一组方程。例如，半径为 1 的圆（在通常所建立的坐标系中）就可以用代数表达式 $x^2 + y^2 = 1$ 表示。

另一方面，我们可以将任何涉及值不断改变的量（通常称之为**变量**）的方程或方程组都理解为描述的是一个形状或者运动。也就是说，任何一个数值关系都有一个"可视"的形状或者运动与之对应。比如，如果愿意，我们就可以认为等式关系 $b = 2a + 1$（它表示的是变量 b 总是比变量 a 的值的两倍还多 1 这样的完全抽象的数值关系）表示的是二维空间中的直线。

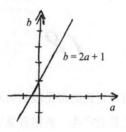

又或者，我们也可以认为它表示的是时空图，而且可以假设 a 表示的是时间而 b 表示的是位置。这样，等式关系 $b = 2a + 1$ 就变成了对起点为 1、速度为 2 的这样一个匀速运动的记录。

当然，无论是形状、运动还是方程，其实它们都不是我们最终要研究的对象，我们最终要研究的是模式。如果你选择用几何方法或者代数方法来表示你所要研究的模式，那也没有问题。不过我们需要谨记的是，无论用的是什么表示方法，我们真正讨论的都是抽象的关系和模式。

那么，当我们仅仅将形状看成是数值模式的视觉表示时，又会有什么情况发生呢？首先，我们得到了很多新的形状。用代数方程的方法来表示几何形状，通常称之为**解析几何**（1637 年笛卡尔的著作《几何学》的出版标志着解析几何的诞生）。解析几何不仅为形状的描述问题提供了方便的解决方法，即为我们描述几何模式提供了一种统一的语义框架，同时也为几何学家提供了一种全新的构造形状和运动的方法。现在，我们几乎拥有了无穷的描述能力。

不过，随之也产生了这样一个问题，那就是什么样的方程与什么样的形状相对应呢？（当然，这里也包括运动，因为我们总是可以将运动看成是时空中的曲线。）显然，我们需要一个"词典"来帮助我们进行几何描述和代数表示之间的转换。我们可以从下面这两个对应关系开始：

空间的维数↔变量的个数

形状或者运动↔变量之间的关系

　　因此，如果我们对某一个方程感兴趣，比方说方程 $x^2 + y^2 = z^2$，我们可以将它看成是三维空间中所有满足这样的坐标关系的点 (x, y, z) 的集合。根据这一关系等式，我们可以知道点 $(3, 4, 5)$ 是这个形状上的一个点，而点 $(1, 2, 3)$ 则不在这个形状上。无论这对应的到底是什么样的形状，它都完全被这个方程精确地确定了。

$x^2 + y^2 = z^2$ 所对应的是什么样的形状？

　　我喜欢将一组变量想象成正在创建外围的空间，而方程则是在绘制最终所形成的形状。当变量的个数为两个时，相应的外围的空间是二维的，而根据这两个变量之间的关系所绘制出的形状则是一条曲线。特别地，我们可以将下面这两个对应关系当成条目加入我们的词典：

$$平面上的直线 \leftrightarrow Ax + By = C$$
$$圆 \leftrightarrow x^2 + y^2 = 1$$

　　事实上，这里也有一些细节需要我们注意。当我们在形状和方程之间来回转换时，总是会有一些东西潜伏在幕后——那就是坐标系。比如，（无论出于什么原因）如果你没有将圆的圆心选为坐标系的原点而是选择了另外一点，而且你所选择的单位长度也不是圆的半径而是其他长度，那么方程 $x^2 + y^2 = 1$ 就不再是前面我们所讨论的圆的正确描述。

以点 (a, b) 为圆心、r 为半径的圆，其方程是什么？

　　简单的方程与简单的形状对应，这一发现可以说是这一时期（十七世纪初叶）最美妙的发现之一。最简单的关系等式，指的是那些不涉及变量之间的相乘，只涉及变量与常量的相加和相乘。在二维的情况下，这类关系等式通常都是 $Ax + By = C$ 这样的形式，与直线相对应。（由于这个原因，这样的方程通常被称为线性方程。）在三维的情况下，变量会增加一个，相应的关系等式会变成 $Ax + By + Cz = D$ 这样的形式，这种形式的关系等式所对应的图像（或形状）则是空间中的平面。

为什么方程 $Ax + By + Cz = D$ 描述的是空间中的平面？

更复杂一些的方程则会涉及变量的相乘，其中最简单的要算 x^2 或 xy 这样的二次乘积了。圆 $x^2 + y^2 = 1$ 就是一个这样的二次方程；$y = x^2$ 这样的平方关系也是一个二次方程，它所对应的形状则是抛物线。

为什么 $y = x^2$ 这个方程描述的是一个抛物线？这个抛物线的焦点和准线又分别在哪里？

事实上，任何形如 $Ax^2 + Bxy + Cy^2 + Dx + Ey - F$ 这样的二次方程，其所对应的形状总会是圆锥曲线。也就是说，我们称为圆锥曲线的这一类曲线与拥有两个变量的所有二次方程的集合完全对应。换句话说，最简单的非线性曲线与最简单的非线性方程对应。因此，现在我们可以将下面这个词条加入词典：

圆锥曲线↔二次方程

实际上，这里还存在一个小的技术性问题，那就是有一些二次方程（如 $x^2 - 4y^2 = 0$）所对应的形状事实上并不是圆锥曲线，一般称它们所对应的形状为退化的圆锥曲线（举的这个例子所对应的是两条相交的直线）。因此，这个对应关系也有一些细节需要我们注意。

二次方程的系数 $A, B, \cdots, F$ 怎样决定了二次方程描述的是哪一种圆锥曲线（是椭圆、抛物线，还是双曲线）？

什么时候二次方程所对应的曲线会退化？退化的圆锥曲线又有

几种类型？

那么像 $y^2 = x^3 + 1$ 这样的三次方程，其情况又是怎样的呢？它会对应什么样的曲线呢？

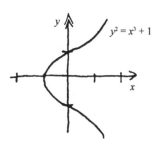

结果表明，它所对应的是一种新形状，它并不是圆、圆锥曲线、摆线、螺线或者我们已知的曲线中的任何一种。它就是 " $y^2 = x^3 + 1$ 所对应的形状"，而且这就是我们所能够拥有的最简单的描述了。这就是前面我所说的我们又有了很多新的形状的含义。你所写下的任何关系等式都会与某种形状对应，除了那些最简单的是我们已知的，其他的都是全新的形状。这就是代数的表达能力——我们在纸上写上一行关系等式就能够创造出一种形状。通过代数，现在我们拥有了无穷多的新形状。

抛物线底部所能够包含的最大的圆有多大？

$$\mathcal{C}_{\mathcal{O}} \mathcal{R} \text{ } 13 \text{ } \mathcal{R}_{\mathcal{O}}$$

好了，既然我们已经解决了运动的描述问题（至少在我们现在有了一种通用的描述语言这个意义上），那我们就开始度量吧。

那么对于运动，我们要度量什么呢？对一个点的坐标的描述能够告诉我们某一时刻这个点的位置。像"在这个时间运动的点在什么位置"或者"什么时间点在这个位置"这样的问题，我们都可以直接从描述运动的方程中得出答案。这一类的问题归结起来就是对相应的方程进行整理和求解——换句话说，就是对方程进行一些代数运算。我们有可能会在整理和求解方程的过程中遇到一些困难，但它却并不会带来一些特别深奥的理论问题。

更有意思的则是这样一些问题：物体运动得有多快？运动得有多远？显然，这两个问题是相关的，物体运动的路程有多远在很大程度上是取决于运动的速率的。因此，关于运动的第一个真正有意思的问题，就是对运动速率的度量。

假设我们有这样一组坐标方程，它描述的是一个点的运动，那么我们怎样才能够知道这一点的运动速率呢？既然整个运动都完全由这组数值关系（也就是坐标取决于时间的方式）精确地确定，那么运动速率的信息肯定也包含在这组方程中。可是我们怎样才能够从中得到速率的信息呢？

让我们从最简单的情况，即一维空间中的匀速直线运动，开始我们的讨论吧。（我想真正最简单的情况应该是完全静止不动，不过讨论这种情况肯定不会太令人兴奋。）这里，我们可以用像 $p = 3t + 2$ 这样简单的方程来描述正在讨论的运动（与往常一样，其中的 p 表示位置信息，而

t 则表示时间坐标）。具体到这个例子，我们可以很容易得出速率的信息：该点（向前）运动的速率为 3（单位空间/单位时间）。换句话说，运动的速率只不过是时间的系数，即与 t 相乘的因子。因此，对于任意的匀速直线运动 $p = At + B$ ，我们可以知道这一运动的起点为 B 而运动的速率为 A 。

如果运动方程中时间的系数是负数或者为 0，又会发生什么情况？

当然，所有这些都非常依赖于我们所建立的坐标系。如果我们能够调转一下方向，再调整一下单位或者移动一下原点，那么我们总可以将任意的匀速直线运动重新表示为 $p = t$ ，这样运动的速率就会等于 1。（或者，我们也可以重新调整时钟的快慢使得运动的速率为单位速率。）在进行度量时，我们总是会遇到这样的问题，所有的值都是相对的，速率也不例外。绝对的速率其实是不存在的，存在的只是相对的速率。$p = 3t + 2$ 这个运动的速率为 3，当我们这样表达时，其实无论是对运动的描述还是对速率的描述，都取决于我们对坐标系的单位的选择。（还有一种更抽象因此也更简单的思路，就是将时间和空间完全忘掉，只是将方程 $p = 3t + 2$ 看成是 p 和 t 这两个变量之间所具有的关系。这里并没有什么单位，有的只是数值。这样，我们就可以说 p 的运动速率是 t 的三倍。）总之，无论你想怎么认为，这里关键的一点是：对于匀速直线运动，我们可以很容易从运动的方程中得到运动的速率，其实它一直就在那儿静静地待着。

还有另外一种观点。我们首先来看看什么是时空图。

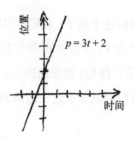

从时空坐标系中看，匀速直线运动就是一条直线，而运动的速率则似乎是直线的斜率。也就是说，如果运动的速率为 3，那就表示相应的直线以 3:1 的比例倾斜（这里我们假定使用同样的长度来表示单位时间和单位空间）。因此，至少对于一维的匀速运动来说，情况还是很简单的：我们可以很容易地从方程中得到速率，而且速率在时空图中也有一个很自然的几何表示（斜率）。那么更一般的运动又会是什么情况呢？

如果点是在更高维的空间中运动，那么我们所讨论的问题就会变得复杂。假设有这样一个在三维空间中运动的点，它正沿着某个固定的方向匀速运动。

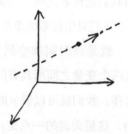

当然，如果关注的只是这个点，我们就可以简单地将这一点的运动路径拿出来单独研究，这样就可以将这个点的运动看成是一维的。不过一般情况下（通常这是最好的工作方式），我们可能会需要一个三维的外围空间。比如，我们的视野中可能还有其他运动的点。

这样一个运动，它的方程会是什么样的呢？思考这个问题，最简单的方法就是使用向量来描述运动。

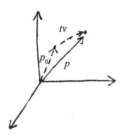

与通常一样，我们用 p 来表示这个运动的点的位置所对应的向量，因此 p 以某种方式取决于时间 t。利用前面的方法，我们也可以将这个向量分解为几个更简单的向量（随着时间的推移，该向量会以一种微妙的方式一会儿变长，一会儿变短，并可能随时改变方向）。向量 p 的第一个分量，就是运动的起始位置所对应的向量，也就是从原点指向时间 $t = 0$ 时运动的点所在的位置的向量。这个向量通常写为 p_0，表示的是时间为 0 时向量 p 的值。 p 的另一个分量，则是从起始位置指向运动的点当前位置的向量。值得注意的是，这个分量的方向就是这一点运动的方向；而且既然运动是匀速的，那么这个分量的长度也会以匀速的速率在增长。这就意味着，这个分量肯定是 tv 这样的形式，其中 v 是某个固定的向量。将这两个分量相加，我们就得到了如下的等式：$p = p_0 + tv$，空间中任意一个匀速直线运动所对应的向量都必然是这样的形式。

通过这个等式，我们知道：当时间 $t = 0$ 时， $p = p_0$，即运动的起始位置。随着时间的推移，这一点的位置一直在改变，因此每一秒钟（或者随便你想怎么称呼你的单位时间）这一点都会按向量 v 进行位移。这说明向量 v 不仅包含运动的方向信息，同时也还包含速率信息。事实上，速率就是向量 v 的长度，因为它就是这一点每秒所运动的距离。因此，我们可以看出，在更高维的空间中，最好是将速率和方向放在一起当成一个向量考虑，这一向量我们称为运动的**速度**。（在一维的情况下，速度只是一个单一的数值，它的正负号则包含了运动的方向信息。）值得注意的是，在一维的环境下，速度作为时间的（向量）系数很容易从运动的方程中得到。

如果愿意，我们可以将任意的向量重新表示为一组坐标的方程，例如下面这样一组方程：

$$x = 3t + 2,$$
$$y = 2t - 1,$$
$$z = -t.$$

它就与向量 $p = p_0 + tv$ 对应，其中 $p_0 = 2u_1 - u_2$，或者说点 $(2, -1, 0)$，而 $v = 3u_1 + 2u_2 - u_3$，或者说点 $(3, 2, -1)$。更简洁一些，我们可以这样表示：

$$p = (2, -1, 0) + t(3, 2, -1).$$

无论用哪一种方式，我们都得到了速度为 $(3, 2, -1)$ 的线性运动在三维空间中的表示。这一运动的速率就是速度的长度或者说模，（运用毕达哥拉斯定理）我们可以求出其值为 $\sqrt{14}$。

从中我们可以看出，维度的问题算不上是真正的问题；处理更高维空间时，只有下面这两个变化：一是我们处理的方程由一个变成了几个（也可以这样说，由数值变成了向量），二是我们需要将速率和方向放在一起当成一个向量即速度来处理。当然，三维空间并没有什么特殊之处，同样的结论对于任意维空间中的运动也是成立的。

假定空间中有这样两个点的运动，其运动方程分别为 $p = p_0 + tv$ 和 $q = q_0 + tw$。请问当向量 p_0、q_0、v 和 w 满足什么条件时，这两个运动的点必然相撞。

大部分运动并不是匀速的，这才是真正的问题。一般来说，点并不会在运动时保持匀速的速率，其速率常常是一会儿快一会儿慢，而且其运动方向也会经常改变。换句话说，速度向量本身也取决于时间。

要画出速度向量，通常的做法是将速度向量想象成位于运动路径每个点上的箭头。

上图所示的是平面上的运动，速度箭头向我们表明：运动的这一点开始时在加速，接着又在减速。值得注意的是，既然速度向量指向的总是运动的方向，那么这些箭头必然总是与运动的路径相切。我还喜欢认为运动的这一点是一辆很小的装上了速度计与指南针的汽车。这样，每一个时刻，有了这两个仪器，我们也就知道了运动的速度（比如以 40 英里每小时朝西北方向运动）。

因此，我们遇到的基本问题是：给定一个运动（也就是知道了位置向量如何随时间而变化），怎样才能够确定它的速度（这同样也是一个随时间而变化的向量）。所有运动的度量都可以归结到这个基本的问题上，即如何将一个（关于位置的）向量方程转化为另一个（关于速度的）向量方程。

对于匀速圆周运动来说，其运动的速度是多少？

好了，现在我们知道想要度量什么了。不过，我们要怎样进行度量呢？已知运动的点的位置向量为 p，我们想要弄清楚的则是这一运动的速度（通常用 $\dot{p}$ 表示）。例如，如果向量 $p = 2t - 1$ 表示的是一维空间中的运动，那么这一运动的速度 $\dot{p} = 2$（为常量）。当然，一般情况下，问题并不会这么简单。如果运动的这一点以比较复杂的方式运动，因而这一点的位置向量也变得比较复杂时，这时我们怎样利用对位置向量的描述来获得速度的信息并不是显而易见的。

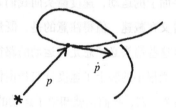

让我们从一维的情形开始。设想有一个点以某种复杂的方式沿直线运动，其时空图看起来可能是下图这个样子。

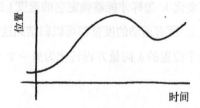

前面，我们已经知道，对匀速运动来说，可以将其速度看成是时空曲线的斜率（当然，其时空曲线肯定是一条直线）。艾萨克·牛顿深刻地洞察到，这一结论对于任何运动都是成立的。更准确地说，牛顿认识到，时空曲线上某一点处的切线的斜率正好是运动在那个精确瞬间的速度的几何表示。形状和运动之间还有这样的联系，这真美妙啊！十七世纪的速度问题原来等同于寻找平面上曲线的切线这一经典的古希腊数学问题。

如果愿意，你可以设想时空曲线上的每一个点都随身带着这一点处的切线。当运动的这一点加速时，切线会变得更加倾斜；而当这一点减速时，切线则会变得平缓；而如果这一点开始往回运动，则切线会往下倾斜。需要注意的是，在这一点调转运动方向的那一时刻，其速度正好为 0。此时，这一点处的切线则是水平的。

这意味着，在那个确切的瞬间，这一点既不向前运动，也不向后运动。当你在空中向上扔一个球时，这个球会先向上运动然后再落下来（大家都这么说），但是有一个瞬间这个球是"悬"在空中的。（当然，这里我们讨论的是想象中的理想化的运动。至于这个球真实的运动情况是怎样的，估计没有人说得准。）

**如果运动的点既不停止运动也不改变运动方向，那么这一点的
运动速度有可能会变为 0 吗？**

牛顿的这一思想引发了不同的反应：一些人认为切线的斜率等于速度这一结论显然是成立的，另外一些人则认为这一结论毫无道理可言。事实上，有一些人根本就怀疑是否真的存在瞬时速度。运动的物体怎么可能会在某一个确切的瞬间有速度？如果时间停止了，难道速度还有意

义吗？当然，我们并没有真的停止时间，我们只是选择了一个时间。（我肯定你也能够想象得到接下来发生的哲学纷争和宗教纷争，其中最著名的要数贝克莱主教的著作《分析学家》，题献给"不信教的数学家"牛顿。）

也许，最简单的方法就是将瞬时速度（某个确切瞬间的速率与方向）当成一个直观清晰的概念（就像曲线的长度这样的概念），并将它的切线解释作为度量它的方法。我们甚至可以通过将瞬时速度定义为切线的斜率来回答任何哲学上的疑虑。

牛顿的这一思想使得我们可以用几何方法来重新诠释我们所遇到的问题：我们怎样才能够度量给定的曲线在某个给定点的斜率呢？

更准确地说，设想我们有一个如下形式的方程，位置向量 p 等于某个涉及时间 t 的表达式。这个方程决定了运动的时空曲线，如果我们选择某一个特定的时刻 t，我们可以问此时时空曲线的切线的斜率是多少。不过，我们怎样才能够从方程中得到这一信息呢？采用什么样的方法，我们就能够将"曲线的切线"这一几何思路用变量和方程这样的方式表示出来呢？而这正是牛顿所解决的问题。

解决这一问题的思路是使用穷竭法。通过一个无穷的近似序列，我们就能够得到真正的切线。具体地说，我们可以选取与曲线上一点邻近的点，然后再连接这两点，这样我们就可以近似地得到曲线在这一点处的切线。

当然，连接这两点的直线的斜率并不会很准确（这也正是近似的含义），但当我们移动邻近的点使它与曲线上的这一点越来越接近时，这两点连线的斜率与我们所要求的斜率的近似程度也会变得越来越高。

因此，我们能够通过这些近似的直线得到这一点处的切线的真正斜率——如果这些直线的斜率有某种模式的话。自然了，斜率的模式肯定来自于曲线本身，也就是说，来自于曲线的方程。

当然，古希腊的几何学家是知道切线问题可以用这种方法处理的；这里的新思想则是，将这种处理方法与笛卡尔的坐标法结合起来使用。在处理一维运动以及相关的时空曲线时，我们要做的就是对时间应用穷竭法。

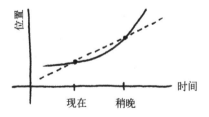

如果我们选择某个特定的时刻，并称之为"现在"，然后我们再选择

一个很接近的时刻，比如说稍微晚一些的时刻，接着连接这两个点，这样我们就可以用计算出的这两点连线的斜率（即速度的近似值）来近似"现在"这个时刻的斜率（也就是此时的速度）。如果幸运的话（我们往往都是幸运的），随着"稍晚"这个时间点越来越接近"现在"这个时间点，也就是两者之间的时间差逐渐缩小为 0，两点连线的斜率就会呈现出某种模式来。如果我们很聪明的话（我们往往都很聪明），我们就能够看出这个模式并知道斜率最终的取值。我们就是这样得到准确速度的。

这一过程听起来是否不切实际呢？的确，这一求解速度的过程在很多情况下都可能会出错。比如，要是我们计算不出速度的近似值呢？或者这些速度的近似值并没有什么模式可言呢？又或者即使这些速度真的有模式，但发现其中的模式对我们来说太难了呢？

好在，结果表明，第一个疑问根本就算不上是问题。速度的近似值（如果你更习惯称之为斜率，也可以）只是位置的变化与时间的变化之比，即

$$速度的近似值 = \frac{p(稍晚) - p(现在)}{t(稍晚) - t(现在)}.$$

因此，如果知道了两个点的时间坐标和位置坐标，要计算出这两点连线的斜率就是一件很容易的事情了。这里的难点在于，怎样才能够求出这些近似值的最终取值。

让我们来看一个例子，假设我们有其方程为 $p = t^2$ 这样一个运动（即最简单的非匀速运动）。现在，让我们试着来计算 $t = 1$，$p = 1$ 这一时刻运动的速度。

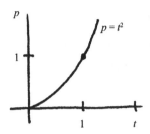

换句话说, 我们想要计算的是运动的时空曲线 (碰巧是一条抛物线)
在点 (1,1) 处的斜率。在这个例子中, "现在"是 $t=1$ 这个时刻, 稍晚一点
的时刻则是 $t=1+o$, 其中 o 是一个特别小的正数。(之选择这个符号,
是因为这里面有一个关于牛顿的小小的玩笑——他选择用字母 o 表示一
个接近于 0 的变量。不过他的批评者显然不觉得这样的玩笑好笑, 贝克
莱就嘲讽 o 为 "消失的量的幽灵"。)

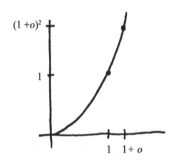

如果我们将时间为 t 时位置 p 的值写为 $p(t)$ (这已经成为惯例), 这
样位置的变化就简单地等于

$$p(1+o) - p(1) = (1+o)^2 - 1,$$

而经过的时间则是 o 本身。因此, 速度的近似值为

$$\frac{(1+o)^2 - 1}{o}.$$

现在的问题是，当 o 接近于 0 时，这个值的最终取值是多少。需要注意的是，当 o 变得越来越小时，这个分式的分子和分母都会接近于 0。本质上，这里我们正试着通过一直在变小的一系列的小三角形来计算某一个斜率。

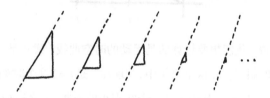

虽然这些三角形本身一直在变小直到完全看不见，不过它们的斜边的斜率却并不是这样：它一直在朝着真正的值迈进，也就是我们所要求的速度。这里的问题是，怎样才能够从近似值的模式中梳理出真正的速度信息呢？我们不能够就这样袖手旁观地看着这个分数变成 0/0，我们需要理解它是怎样变成这个值的。分子接近 0 的速度会是分母的两倍呢，还是分母的一半呢？这个分数的最终取值又是多少呢？借用牛顿的话，我们想要的既不是这两个量消失之前的比值，也不是这两个量消失之后的比值，而是它们刚好消失之时的那个比值。

这是我们遇到的第一个潜在的难题。$\frac{(1+o)^2-1}{o}$ 这一分数随着 o 的变小一直在接近真正的速度/斜率，而且它肯定遵循着某种模式。（前面我已经将它写了下来，不是吗？）但问题是，我们是否足够聪明能够找出这个模式呢？这里我们遇到了一个心理方面的问题——这个模式不是以一种我们很容易看清到底发生了什么的方式表达的。解决的方案，则是利用代数的方法重新整理这一表达式。整理之后，这个表达式的内容并不会改变，而其形式则会变得更容易理解。这个表达式整理起来并不困难，其整理过程如下所示：

$$\frac{(1+o)^2 - 1}{o} = \frac{2o + o^2}{o} = 2 + o.$$

现在，这个式子更像是最终的结果了。$2+o$ 这样的形式不仅看起来更简单，同时我们也很容易看出它最终的取值，也就是 2。换句话说，在 $t=1$ 这一时刻，运动的瞬时速度正好等于 2。更简洁一些，我们可以将这个结论表示为 $\dot{p}(1) = 2$。因此，如果一个点以 $p=t^2$ 这样的模式运动（相对于某个特定的地图与时钟来说），那么在时间 $t=1$ 时，这个点会以每个单位时间运动两个单位空间的速率向前运动。或者，如果你愿意，我们也可以这样表达，即抛物线 $p=t^2$ 在点 $(1,1)$ 处的切线的斜率为 2。至少对这个简单的例子来说，我们的计划完全成功了。

事实上，我们可以用同样的方法计算出 $p=t^2$ 这一运动在任意时刻的速度。在任意时刻 t，速度的近似值为

$$\frac{(t+o)^2 - t^2}{o} = \frac{2to + o^2}{o} = 2t + o,$$

当 o 接近于 0 时，很明显这个速度的取值会接近于 $2t$。因此，我们有 $\dot{p}(t) = 2t$ 成立，即任意时刻这一运动的速度都会是时间的值的两倍（这与我们认为这一点应该在加速的直觉一致）。因此，我们得出了下面这个有关速度的不是那么明显的事实：

$$p = t^2 \Rightarrow \dot{p} = 2t.$$

从表面来看，似乎是我们很幸运：我们能够重新整理这些近似值的表达式，这样我们就可以看出它们的最终取值。难道计算运动速度的能力必然会归结到掌握代数技巧这样的问题上吗？

一般来说，对于任意的一维运动 $p(t)$（无论它对时间的依赖是多么

复杂），我们都有下面这样的结论成立：当 o 接近于 0 时，

$$\frac{p(t+o)-p(t)}{o} \text{ 接近于 } \dot{p}(t).$$

这样，我们就有了一种根据运动本身的模式 $p(t)$ 来计算速度的模式 $\dot{p}(t)$ 的系统方法。剩下的唯一问题是，我们是否足够聪明能够知道这些近似值的最终取值。

请验证对于运动 $p(t)=At+B$，我们能够得到预期的瞬时速度
即 $\dot{p}(t)=A$。

如果 $p(t)=At^2+Bt+C$，那么此运动的瞬时速度 $\dot{p}(t)$ 是多少？

如果 $p(t)=t^3$，情况又会怎样？

15

下面，让我们暂时把处理的细节放一放，来思考一下我们究竟正在做什么。和以往一样，我们也有三种等价的方法来考察目前的情况。如果从几何的角度来看，我们感兴趣的对象是曲线，而我们想要度量的则是曲线的斜率以及它是怎样变化的。如果从运动的角度来看，我们面对的是运动，而我们想要度量的则是这一运动在任意时刻的瞬时速度。如果更抽象一些，我们也可以将这个问题看成是根据一个数值模式（描述的是某个特定坐标系中的曲线或者运动）去求另外一个数值模式（也就是曲线的斜率或者运动的速度）。正是由于这个原因，第二个值通常也被称为第一个值的导数。

假设我们在时空坐标系中画出某一运动模式的图，如下图所示：

然后我们再根据这一运动在各个时间点的速度,绘出下面这幅新的图。

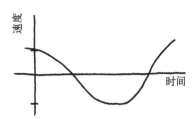

需要注意的是,在这两幅图中,坐标的纵轴表示的是两个完全不同的对象,第一幅图的纵轴描述的是一维空间中运动的点所在位置的坐标,而第二幅图的纵轴表示的则是运动的点可能的速度,另外一个完全不同的对象。我们可以说第一幅图表示的是空间–时间曲线,而第二幅图表示的则是速度–时间曲线(所以这两者单位之间的差别也特别大)。

这样,我们所要解决的速度的问题就可以归结为,如何将第一幅图转化为第二幅图。定性地看,既然第二幅图是由第一幅图派生出来的,而且记录的是斜率,由此我们可以得出:当原始曲线特别陡峭时,斜率肯定会取较大的值;当原始曲线比较平缓时,斜率则取较小的值;而当原始曲线向下倾斜时,斜率则会取负值。为了能够更准确地描述,我们需要有一种方法,它能够根据数值模式 p 求出其派生的数值模式 $\dot{p}$。理论上,在前一节中我们已经解决了这个问题,也就是当 o 接近于 0 时,

$$\frac{p(t+o) - p(t)}{o}$$

的取值就正好是 $\dot{p}(t)$ 的值。唯一的问题是，我们是否总是能够得到 $\dot{p}$ 是怎样取决于时间的明确描述。比如，在前一节中我们看到，当 $p = t^2$ 时，我们可以计算出 $\dot{p} = 2t$。

这种抽象的观点，能够使我们摆脱任何几何的或者机械的偏见，也使得我们可以简单地将这一问题当成是怎样实现 $p \to \dot{p}$ 的转换问题来研究。这样的转换从代数上看起来会是什么样子呢？它又有哪些特征呢？当 p 变得越来越复杂时（也就是它取决于时间 t 的方式会涉及更复杂的代数），想必 $\dot{p}$ 也会变得很复杂。但究竟会变得多复杂呢？

下面列出了目前我们已知的一些结论：

如果 p 是常量，则 $\dot{p} = 0$.
如果 $p = ct$ 且 c 是某个常量，则 $\dot{p} = c$.
如果 $p = t^2$，则 $\dot{p} = 2t$.

前面两个结论显然是成立的，毕竟 $\dot{p}$ 表示的运动的速度。第三个则是我们在前一节中利用穷竭法计算出来的。那么如果我们遇到了更复杂的像 $p = t^2 + 3t - 4$ 这样的关系等式，又该怎么办呢？具体到这个例子，速度的近似值为

$$\frac{(t+o)^2 + 3(t+o) - 4 - (t^2 + 3t - 4)}{o} = 2t + 3 + o,$$

与真正的速度 $2t + 3$ 很接近。因此，我们有下式成立：

$$p = t^2 + 3t - 4 \Rightarrow \dot{p} = 2t + 3.$$

值得注意的是，如果我们简单地对组成 p 的各个部分单独地求导，我们也会得出这样的结果。也就是说，如果我们认为 p 是以下三个组成部分之和：t^2、$3t$ 和 -4，然后再对各个部分分别求导，我们也能够得到

正确的最终结果。这意味着求导是一种有着很好性质的操作，用代数学家的话说就是"遵循加法规则"。这就是说，如果一个运动具有 $p = a + b$ 这样的形式，其中的 a 和 b 本身也是运动模式（即是以某种方式取决于 t 的变量），那么下面这个简单漂亮的结论成立：

$$p = a + b \Rightarrow \dot{p} = \dot{a} + \dot{b}.$$

换句话说，和的速度等于速度之和。当然，我们不能够因为这个结论对于我们刚刚看到的这个特殊例子成立，就认为这个结论总是会成立。不过，这个结论实际上是普遍成立的，这一点也并不难看出。原因是，如果 $p = a + b$，那么对于任意时间 t，总有下式成立：

$$p(t) = a(t) + b(t).$$

特别地，

$$p(t+o) - p(t) = \big(a(t+o) + b(t+o) \big) - \big(a(t) + b(t) \big)$$
$$= \big(a(t+o) - a(t) \big) + \big(b(t+o) - b(t) \big).$$

换句话说，在较短的时间间隔内 p 移动的距离等于 a 移动的距离与 b 移动的距离之和。将等式两边同时除以时间间隔，我们就得到了三者近似速度之间的关系，即

$$\frac{p(t+o) - p(t)}{o} = \frac{a(t+o) - a(t)}{o} + \frac{b(t+o) - b(t)}{o}.$$

当 o 逼近 0 时，我们可以看到，等式左边逼近 $\dot{p}$ 而等式右边则逼近 $\dot{a} + \dot{b}$，因此这两者必然相等。当然，无论 p 由多少个部分组成，这一结论都是成立的，因此我们有

$$p = a + b + c + \cdots \Rightarrow \dot{p} = \dot{a} + \dot{b} + \dot{c} + \cdots.$$

假定 $p = ca$，其中 c 是一个常量，请证明 $\dot{p} = c\dot{a}$。这一结论，从直观上看是否成立？

到目前为止，我们所考虑的都是一维的运动。那么在更高维度的情况下，这些想法又会产生怎样的影响呢？假定有一个点在三维空间中以某种方式运动，这一点所在的位置用与时间相关的向量 p 表示。

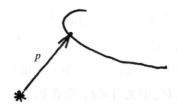

让我们来试一试前面的方法，假定这一点运动了很短的一段时间 o，这样这一点所对应的位置向量就由当前的值 $p(t)$ 变为附近的值 $p(t+o)$。

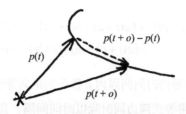

两者之差 $p(t+o) - p(t)$ 仍然是一个向量，也就是从当前的位置到稍后一点位置的位移。虽然这一向量的长度很短，但其方向却与运动的方向十分接近。换句话说，也就是它的方向与时间 t 时真正的速度方向十分接近。至于它的长度，肯定是接近于 0 的，不过如果除以 o，那么其结果肯定是速率的比较准确的近似值，因为 $p(t+o) - p(t)$ 的长度（至少是对于像 o 这样小的值来说）与点在这么短的时间间隔内运动的距离基本相等。（需要注意的是，除以 o 并不会改变方向，改变的只是长度。）

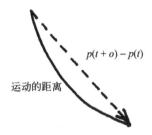

$$p(t+o) - p(t)$$

运动的距离

因此，当 o 变小接近于 0 时，速度的近似值

$$\frac{p(t+o) - p(t)}{o}$$

不仅方向越来越接近真正速度的方向，同时其长度也越来越接近真正的速率。所以这些近似值（它们也是向量）实际上的确与准确的速度 $\dot{p}$ 很接近。

这就意味着，在面对更高维的空间时，我们并不需要做出任何重大的改变。同时，我们仍然可以用同样的方式运用穷竭法。当然，在更高维空间的情况下，我们可能会遇到一些计算方面（更不用说概念方面）的差异，但这些近似值的代数形式却没有什么变化。这对我们来说，的确是一个很好的消息。

事实上，这使得我们可以立即推广我们前面所得到的速度相加的结论：如果向量 $p = a + b$ 是两个运动模式的和（也就是说，a 和 b 都是取决于时间的向量而 p 是两者之和），那么仍然有 $\dot{p} = \dot{a} + \dot{b}$ 成立，而且我们并不需要任何复杂的新解释；这是由于这一结论只需要对代数表达式进行整理，而代数表达式的整理无论是对向量还是对数值来说都是一样的，所以同样的理由现在仍然成立。由于这是我们得出的关于运动最重要的结论，所以我再强调一遍：和的速度等于速度之和。

在更高维的情况下，我们仍然能够由 $p = ca$ 推导出 $\dot{p} = c\dot{a}$ 吗？

直观上，我们可以设想组成运动的每个部分都在拖拽这一点，从而使这一点以一定的速率朝某个方向运动，因此，最终的运动就是这些单独的拖拽同时作用的结果。例如，我们可以将螺旋运动看成是旋转（匀速圆周）运动与线性运动之和。

线性运动拉着这一点以一定的速率向前运动，而圆周运动则推动这一点绕着圆运动。

这两者的共同作用（或者说两者的和向量）就形成了螺旋运动的实际速度。

正是速度的加法定律使得相对运动（将一个复杂的运动分解为几个简单的运动之和），成为一个如此强大的工具。而如果一个复杂运动的速度不能够很容易地通过合成各个运动分量的速度得到，那么运动的分解从一开始就不会有多大的价值。

这里我们应用的其实是一种归约策略（reduction strategy）。如果我们想要理解一个复杂的运动，我们可以寻找方法先将它分解成几个简单的运动，然后再单独研究这些简单的运动。好消息是（至少对于速度来说），我们可以很容易地将各个部分的信息再次组合到一起。

现在，让我们看一看能不能用这样的思路求出摆线运动的速度。在前面的章节中，我们已经将摆线运动分解为以下三个部分：一个常向量、一个匀速直线运动以及一个匀速圆周运动。

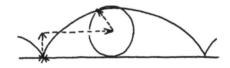

因此，我们需要做的就是计算出这三个运动各自的速度，然后再将它们相加。常向量静止不动，因此其运动速度为 0（即移动参考点并不会影响运动的速度）；而匀速直线运动的速度则是一个常向量，在我们所选定的坐标系中就是 u_1，也就是第一个方向上的单位向量。至于匀速圆周运动，它的速度也同样不难求出。

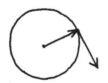

我们知道，匀速圆周运动的速度总是指向圆在这一点的切线方向，因此它必然与径向向量垂直。既然我们选择了使得圆的半径与运动的速率都为 1 这样的单位，因此速度与径向向量的长度都等于单位长度。同时，径向向量的起点为圆周上最下面的一点（也就是当时间 $t = 0$ 时，径

向向量等于 $-u_2$)，并且它沿顺时针方向旋转，因此我们可以求出它的坐标为 $(-\sin t)u_1 + (-\cos t)u_2$ ，更简单一些的话，我们也可以写作 $(-\sin t, -\cos t)$ 。那么，我们所要求的这个速度对应的坐标又是多少呢？

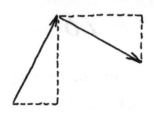

需要注意的是，当平面上两个向量相互垂直时，这两个向量的坐标都会与向量本身形成一个小直角三角形——只不过其中一个三角形的上面会是另一个的侧面（而且方向也翻转了过来）。更准确地说，如果一个向量所对应的坐标为 (x, y) ，那么顺时针旋转（也就是从坐标系的第二个方向朝第一个方向旋转）四分之一圆周后，该向量所对应的新坐标为 $(y, -x)$ 。

如果是逆时针旋转四分之一圆周，情况又会怎样呢？

这就意味着（以圆周上最下面的点为起点、沿顺时针方向的）匀速圆周运动的速度的坐标必然是 $(-\cos t, \sin t)$ 。此外，观察到这一速度本身也在做以点 $(-1, 0)$ 为起点、顺时针方向的匀速圆周运动，我们也能够得出这个结论。无论如何，现在我们可以将这三个分运动合成起来了，即

$$p = 常向量 + 线性运动 + 圆周运动$$
$$= u_2 + tu_1 + (-\sin t)u_1 + (-\cos t)u_2,$$

因此，我们有下式成立：

$$\dot{p} = 0 + u_1 + (-\cos t)u_1 + (\sin t)u_2,$$

其中等式的右边也可以简写为 $(1-\cos t, \sin t)$ 。至此，我们终于知道了这个运动的点在任意时刻的准确速度了。特别地，时间 t 时这一点的速率则可以通过下面这个公式算出：

$$\sqrt{(1-\cos t)^2 + \sin^2 t} = \sqrt{2-2\cos t}.$$

这里，我使用了人们习惯使用的缩写 $\sin^2 t$ 代替了繁琐的 $(\sin t)^2$ 。

下面，让我们来看一看这一运动过程的某些特殊时刻。

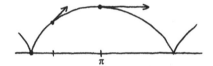

当时间 $t = \pi$ 时，即运动的点到达了滚动的圆盘的最高点时，这一点的位置向量 $p = (\pi, 2)$ ，而此时的速度（根据前面我们得出的公式）$\dot{p} = (2, 0)$ ，这说明这一点正在以 2 的速率向前运动，也就是圆盘圆心的运动速率的两倍。另外值得注意的是，当时间 $t = 0$ 时（或者等于 2π 、4π 这样的周角的倍数时），运动的速度为 0。在这些时刻，这一点正在调转运动方向，因此也就"暂停"了下来。最后，当时间 $t = \frac{\pi}{3}$ 时（也就是第一圈旋转到六分之一时），我们有 $\dot{p} = (\frac{1}{2}, \frac{\sqrt{3}}{2})$ ，这说明这一点正在以 $\frac{\pi}{3}$ 的角度向前上方运动，并且这一瞬间这个点的速率正好为 1。

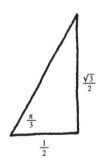

　　理解这一速度，还有另外一种方法，那就是忘掉坐标，直接将线性运动的速度与圆周运动的速度作为几何量相加。

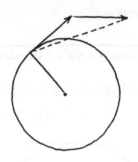

　　这里，圆周运动的速度（正如我们所看到的）与径向向量相互垂直，如果加上线性运动的速度，就相当于进行了水平方向的位移。根据我们所做的选择，这两个向量的长度都等于半径。而我们要求的这一点运动的速度就等于这两个向量之和，因此这三个向量形成了一个小三角形。

　　现在，让我们来看一看下面这个极富洞察力的发现：如果我们顺时针旋转这个小三角形 90 度，那么圆周运动的速度就会变成圆的半径，同时水平方向的推动则会变成垂直向下的向量。

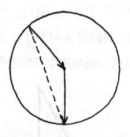

　　这样，这一点运动的速度就变成了通常所称的圆的**弦**，它将运动的这一点与圆和地面的交点连接了起来。换句话说，我们可以将这一点的运动速度简单地当成一条在旋转的弦。

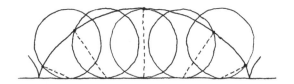

证明这一点的运动方向以匀速的速率在改变。

在 $t = 2\pi$ 这一时刻时，运动的速率和方向会发生怎样的变化？

顺便说一下，这里我们不经意间（不过，对我来说则是有意识地）发现了计算圆的弦长的公式，即如果单位圆上两点之间的弧长为 t，那么连接这两点的弦的长度为 $\sqrt{2-2\cos t}$。

证明连接这两点的弦的长度也可以表示为 $2\sin\frac{t}{2}$.

这一计算的结论是，摆线运动的速率与这条弦的长度相等。不过，这并不是说我们不能够使用别的方法得出这样的结论。就比如说摆线，对于那些足够聪明的人来说，它还是很简单的，并不是必须要使用向量或者坐标一类的描述方法不可。（事实上，人们度量出摆线的面积比笛卡尔开始坐标的研究工作还要早几年。）

这里的关键是，虽然这些技术，向量、坐标、相对运动以及穷竭法，并非总是必要的（虽然它们往往是必要的），但它们却非常通用，而且也不要求使用它们的人具有特殊的灵感或者天赋。也就是说，现在我们有了一种通用的处理几何问题和动力学问题的方法。当然，在有些场合下我们也可能会用一种更简单或者更对称的方法，不过这些方法通常都比较特别或者特殊，虽然我们也无法否认，它们通常也都非常漂亮且极富想象力。

如果不利用坐标和相对运动，你能够度量出螺旋运动的速率吗？

> **使用万花尺画图时，你能够度量出它的速度吗？（我建议利用坐标和相对运动！）**

速度遵循向量的加法规则，根据这一结论我们可以得出下面这个重要的推论，即我们可以将高维空间中的运动看成是一组同时进行的一维运动。例如，任意二维空间中的运动都可以用下面这样的形式表示：

$$p = xu_1 + yu_2,$$

其中 x 和 y 分别是这个运动的水平方向和垂直方向的组成部分；同时，由于这两个部分也以某种方式取决于时间，我们也可以将它们本身看成是一维运动。这样，根据加法定律，我们有

$$\dot{p} = \dot{x}u_1 + \dot{y}u_2$$

成立；或者，如果你更习惯使用坐标来描述，那就是

$$p = (x, y) \Rightarrow \dot{p} = (\dot{x}, \dot{y}).$$

特别地，运动的这一点的速率（即向量 $\dot{p}$ 的长度）则是以这两个一维运动的速率为直角边的直角三角形斜边的长度，即 $\sqrt{\dot{x}^2 + \dot{y}^2}$。

有时候，我喜欢设想运动的点由下图所示的蚀刻素描（Etch A Sketch）上的旋钮控制。

这样，我们前面所表达的就是：不仅点的位置就是这两个方向刻度

的组合，同时这一点的速度也是两个方向速度的组合。因此，如果某个瞬间，水平旋钮旋转的速率为 3 而垂直旋钮旋转的速率为 4，则此时这一点本身的运动速率为 5，运动方向则为"向前 3，向上 4"。当然，对于三维空间或者更高维的空间来说，这一结论也是成立的，唯一的差别就是是否可视的问题（当然更高维的空间也需要更多的旋钮）。因此，一般来说，无论是多少维的空间中的运动，我们都有下式成立：

$$p = (x, y, z, \cdots) \Rightarrow \dot{p} = (\dot{x}, \dot{y}, \dot{z}, \cdots).$$

例如，$p = (t^2, t+1, 3t)$ 这个三维运动（不得不承认这一运动很明显是人为的）的速度为 $(2t, 1, 3)$。因此，任意维空间中的速度问题都可以简化为一维的情形，而且运动点的速度可以很容易地通过这些不同坐标轴上的"影子"合成回来。

关于这一现象，有一个很有意思的示例，那就是匀速圆周运动。

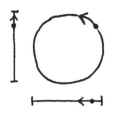

在这个例子中（假设我们建立的坐标系是标准的坐标系），这一运动的水平方向和垂直方向的组成部分分别是 $\cos t$ 和 $\sin t$。也就是说，我们可以认为匀速圆周运动是下面这组一维运动合成的运动：

$$x = \cos t,$$
$$y = \sin t.$$

换句话说，为了在蚀刻素描板上画一个圆，我们需要使两个方向的刻度分别按余弦波和正弦波的模式来运动。

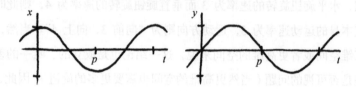

值得注意的是，这两个模式中的任意一个都可以通过移动另外一个得到，而且一个数的余弦总是等于比它大 $\frac{\pi}{2}$ 的那个数的正弦。

$$\text{为什么等式 } \cos t = \sin\left(t + \frac{\pi}{2}\right) \text{ 成立？}$$

同时，这一组时空图也包含了匀速圆周运动的所有信息。特别地，它们各自所对应的运动的速度肯定是二维匀速圆周运动速度的组成部分。既然我们已经知道了匀速圆周运动的速度（它就是位置向量逆时针旋转四分之一圆周后所变成的新向量），因此，我们有：

$$p = (\cos t, \sin t) \Rightarrow \dot{p} = (-\sin t, \cos t),$$

其中速度的组成部分必然匹配，即

$$x = \cos t \Rightarrow \dot{x} = -\sin t,$$
$$y = \sin t \Rightarrow \dot{y} = \cos t.$$

因此，正弦曲线在任意时刻的斜率就是余弦曲线在这一时刻的高度，反之亦然（不过此时会加上负号带来的转动）。由此，正弦和余弦构成了一对联系非常紧密的模式——其中的任意一个都（基本上）是另外一个的导数。顺便说一句，那个烦人的负号是无法避免的，即使我们改变了关于方向的约定，它也会依然存在，只不过是出现在不同的地方。

当水平方向的波动与垂直方向的波动有不同的频率时，我们会得到怎样的曲线？例如，如果 $x = \cos(3t)$，$y = \sin(5t)$，情况会怎样？

17

虽然很可能你们会觉得我啰唆（看起来似乎我也很愿意承担这样的风险），关于我们所采用的思想，我还想多说几句。这一思想可以将对形状和运动的研究纳入更广阔、更抽象的领域之中，这一领域的核心则是变量与变量之间的关系。同时，我们也可以将它看成是一种视角，与其他视角相比，这一视角不仅会使问题更加简单（我们既不用担心单位，也无须在头脑中形象化所研究的事物），也有着其他视角所没有的巨大的灵活性与通用性。

事实上，绝大部分的科学家、建筑师或工程师都会在工作中以某种方式参与建模的过程；想要找到没有接触过建模的，这估计很难。所谓建模，就是对我们所研究的问题进行抽象和简化，使它可以用一组变量和方程来表示（比如，生物学家所建立的哺乳动物领地行为的模型、心脏病学家的血管压力模型以及电气工程师的能量容量模型）。当然，在这些情况下，我们所真正感兴趣的事物与相应的数学模型之间会有相当大的差异。这差不多就是科学家花费大量的时间所考虑的问题——他们所建立的数学模型的适用性。例如，一旦他们进行了新的实验或者收集到了新的数据，这通常都会导致他们在拒绝现有模型的同时更新模型，并用新的模型来替代现有模型。

不过，对数学家来说，情况却完全不同：对我们来说，数学模型就是我们所要研究的对象。在这里，并没有什么是以实验为依据的，我们也不用等待确认或测试的结果。数学结构就是数学结构，如果我们有所发现，那就会是真理。特别地，如果我们选择用一组方程对想象中的曲线或者运动进行建模，我们并没有在进行猜测，同时我们也不会因为简化而丢失任何信息，这是因为我们的对象（因为审美的原因）已经简单得不能再简单了。如果所有的事物本来就是想象出来的，那自然也就谈不上将现实与想象混为一谈了。

所以在接下来的章节中，我们的研究对象将是变量［牛顿称之为流量（fluents，拉丁语"流动的物体"的意思）］与变量之间的关系所组成的系统；也就是，表示变量之间相互关系的方程。

有时，我愿意将各个变量想象成虚拟的多通道调音板上的滑块。

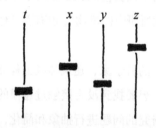

例如，我们可以用四个变量再加上一组方程来表示三维空间中的运动，其中方程组是用来告诉我们空间中三个方向上的坐标是怎样取决于时间的。这样，这组方程就构成了调音板的布线或者说程序。当我们移动滑块 t 时，滑块 x、y 和 z 都会自动地响应，根据布线的模式自动地移动。

有了这样的一幅图景存在于脑海中，为了计算运动的速度我们一直在做的（所使用的方法即通常人们所说的牛顿方法），其实就是"轻轻推一下"滑块再看看它们能够移动多远。

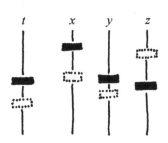

习惯上，我们通常使用缩写 Δx 来代替繁琐的 $x(t+o)-x(t)$ ，因此 Δx 度量的就是变量 x 的变化。特别地，我们也可以认为已经逝去的短暂时间，即"稍晚"这个时间点与"现在"这个时间点之间的间隔，为 Δt 。

当我们滑动滑块 t 时，比如说使它的值增加一个很小的量 Δt ，那么其他的滑块 x 、y 和 z 也会有所反应，各自的增量分别为 Δx 、Δy 和 Δz 。（如果相应的变量值减小，那么其中有些增量会为负值。）由此，我们就得出了这三个滑块速度的近似值

$$\frac{\Delta x}{\Delta t}, \frac{\Delta y}{\Delta t}, \frac{\Delta z}{\Delta t}.$$

随着 Δt 逐渐减小为 0，这些值也会接近于真正的瞬时速度 $\dot{x}$ ，$\dot{y}$ ，$\dot{z}$ 。这样，这一三维运动的速度就是 $(\dot{x}, \dot{y}, \dot{z})$ ，而它的速率则是速度向量的长度，即 $\sqrt{\dot{x}^2 + \dot{y}^2 + \dot{z}^2}$ 。

作为这一新的抽象观点的示例，假设我们有下图这样一组变量及变量之间的相互关系。

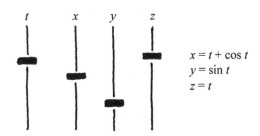

根据前面我们所得出的正弦和余弦导数的结论，我们可以很快得到如下的等式：

$$\dot{x} = 1 - \sin t,$$
$$\dot{y} = \cos t,$$
$$\dot{z} = 1,$$

而且这样的计算并不需要任何几何学或者动力学的解释。当然，如果出于心理方面或者说情调方面的原因，我们想要认为这组关系等式表示的是一个运动，那也完全没有问题。事实上，我们并不难看出这组方程所描述的是倾斜的螺旋运动。也许，理解这一点最简单的方法，就是将这一运动表示为向量，令 p 为时间 t 时这一运动的点所对应的向量，则 $p = t(1,0,1) + (\cos t, \sin t, 0)$。这里，向量 p 其实是（标准坐标系中的）匀速圆周运动与匀速直线运动之和，不过直线运动的方向并不垂直于旋转的圆盘（在通常的螺旋运动中这两者则相互垂直），而是与其成 45 度的角。

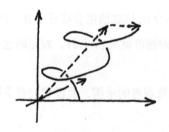

同时，前面我们所得出的导数则可以看成是这一运动的速度 $\dot{p}$ 在各个方向上的分量，其中

$$\dot{p} = (1 - \sin t, \cos t, 1),$$

而速度的长度则给出了这一运动的点的速率，即

$$\text{速率} = \sqrt{(1-\sin t)^2 + (\cos t)^2 + 1} = \sqrt{3 - 2\sin t}.$$

根据这个公式，我们可以知道这个运动的点在以一种相当微妙的方式一会儿加速一会儿又减速，同时由于 $\sin t$ 的取值范围为 -1 到 $+1$ 之间，所以速率的取值范围为 1 到 $\sqrt{5}$ 之间。

这里重要的是，所有这些度量结果都直接来自于抽象的数值关系，而并非来自于视觉的或者动力学的图像。我们所建立的模型并不知道，或者说无须知道，它自己是关于什么的模型（如果它的确是的话）。这样，我们的讨论就悄悄地（假如我对此的再三说明也能算是"悄悄"的话）从研究运动的速度转移到了研究导数上；而导数则是从一个变量 p 产生另一个新变量 $\dot{p}$ 的抽象转换，或者用牛顿的话说，$\dot{p}$ 是变数 p 的流数。

这直接表明两次求导是可能的，即把 $\dot{p}$ 本身也当成一个变量，这样我们就可以对它再次求导得到 $\ddot{p}$，甚至可以进行三次求导以及更多次的求导。如果我们将 p 解释为运动（也就是将 p 当作运动的点的位置），那么 $\ddot{p}$ 度量的则是运动速度 $\dot{p}$ 变化的快慢。换句话说，度量的就是运动的**加速度**。几何上，我们可以认为 $\ddot{p}$ 度量的是曲线斜率变化的快慢，也就是几何学家所说的**曲率**。当然，作为数学家，我们可以将这两种中的任意一种作为解释，也可以完全不做解释。我们可以简单地在理论上讨论更高阶的导数，然后再研究它们有趣的性质。

举个例子，随着导数的阶越来越高，求变量平方的方程（$p = t^2$）会转化为求变量的两倍（$\dot{p} = 2t$）；如果再次对后者求导，我们则会得到常数（$\ddot{p} = 2$）；最后，其所有更高阶的导数都会是 0。

正弦和余弦的更高阶导数分别是多少？

18

　　在我们进一步探讨这些想法之前，我还想向你们展示一种我非常喜欢的更通用、更抽象的方法。也许最好的方法，就是以一个类比来开始我们的讨论。在前面的章节中，我们已经多次看到：度量总是相对的，任何恰当提出的度量问题都可以（至少是间接地）归结为某种类型的比较。例如，当我们想要度量某个特定的长度或者面积时，其实我们想知道的是：与同类型的其他事物相比，我们所关注的某条线段的长度是多少或者某个区域所围起来的空间大小是多少。当然，我们可以先选定某个比较的标准，比如说选定一个固定大小的正方形，然后以它的边长和大小作为我们度量长度和面积的单位。这样，我们就可以通过与这一标准的比较来度量任何新的长度或面积。

　　不过，我并不喜欢这样的想法，我不希望想象中的美好世界因为那些不必要的、人为的单位的加入而变得凌乱。比方说，如果我想度量五边形的对角线与其边长之比，其实我并不需要根据某个预先存在的长度标准度量出这两者的长度然后再比较；我可以直接比较它们。（我知道，关于这一点我已经重复了很多次，不过还是请你多担待。）

　　关于这一点，我喜欢这样来思考，即无论我们是否度量它，线段都会有长度或者说范围。同理，无论我们是否将一块区域与其他区域相比较，这块区域都会包围一定的空间。因此，长度和面积本身不是数值，而是抽象的几何量；只有当我们对它们进行比较并想知道比例时，我们才会得到数值。正方形的对角线有一个长度，它的边长也有一个长度，不过这两个长度本身都不是数值，只是对角线的长度正好是边长的 $\sqrt{2}$ 倍。

无论这一切听上去是否是我在白费口舌，这里的关键是，在度量速度时，我们已经在不知不觉中将这种不必要的障碍放在了我们前进的路上。如果你看到一只猎豹在奔跑，你知道它肯定在以与度量无关的速率或速度在奔跑，正如一个圆总会包围一定的空间一样。这个速率并不是一个数字，也没有什么单位；然而，要是有一匹马在并排奔跑（因此现在我没有白费口舌了吧？），我们就能够看出猎豹的速度是马的两倍。也就是说，我们等一段时间（并不需要用秒或者其他单位来计时），然后再看一看这两个动物运动的距离（同样用不着用任何单位来度量）并对它们进行比较。因此，抽象来看，即使我们不去度量，速度也是有意义的。而我们一直在做的则是选定一个标准的单位速度，即我们选定的时钟的速度。也就是说，我们一直都在将时间本身的速度作为度量的单位了（不过，很快我们就不再使用它）。

让我们设想有这样两个与时间有关的变量 a 和 b，且有某个方程将两者联系了起来。

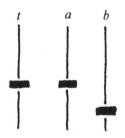

如果我们关注的是 a 和 b 在某个特定时刻的相对速率，我们当然可以先计算出 $\dot{a}$ 和 $\dot{b}$，然后再求这两者之比 $\dot{a}/\dot{b}$。不过，与前面我提到的几何示例一样，这里我们完全没有必要这样做，也根本不用涉及时间。

设想一下这种情形，即我们只能够接触到滑块 a 和 b，滑块 t 隐藏在幕后的某个地方。当然，我们仍然可以轻轻踢一下调音板，这样各个滑块就会稍微移动一段距离。

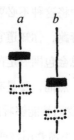

与往常一样，我们也能够得到这两个变量微小的变化值 Δa 和 Δb。不同的是，现在我们不用再将这两个值都与 Δt 比较，而是直接比较 Δa 和 Δb。这样，当这两个微小的变化值都接近于 0 时，我们就能够得出它们的瞬时速度的真正比值。

那么，这样做有道理吗？为了使这一问题的讨论变得更简单，我们先引入一些符号——毕竟，这才是我们引入符号的真正目的。我们用 dx 来表示"变量 x 的瞬时变化率"。也就是说，dx 是抽象的非数值的速度，与"猎豹的速度"类似。（这一符号最初是由莱布尼茨于十七世纪七十年代引入的。）这样一来，我们要表达的就是，当这两个微小的增量同时接近于 0 时，$\Delta a : \Delta b$ 就会接近于真正的速度之比 $da : db$。

用这一新引入的莱布尼茨符号表示，微分 $\dot{x}$ 就是 dx / dt 的比值。这说明，我们所得出的所有有关微分的结论都可以很容易地用这种全新的抽象符号重新表示。比如，我们前面的推导步骤

$$p = t^2 \Rightarrow \dot{p} = 2t$$

就可以简单地表示为

$$d(t^2) = 2t \; dt.$$

不过，这并不是关于时间的特殊表述；实际上，这一结论对于任何变量来说都是成立的。因此，我们有下式成立（如果用 w 表示任意变量的话）：

$$d(w^2) = 2w\, dw,$$

而这一表达式的意思是，"变量 w^2 变化的速度总是正好等于变量 w 的变化速度乘以变量 w 当前值的两倍"。特别值得注意的是，这一符号使用起来十分方便：现在我们无须先给某个表达式命名然后再对它求导了，我们可以直接对这个表达式求导。因此，我们有如下等式成立：

$$d(cw) = c\, dw，其中 c 为任意常数，$$
$$d(\sin w) = \cos w dw,$$
$$d(\cos w) = -\sin w dw.$$

接下来，我想说清楚下面这两个问题。第一个问题是，dx（即通常所说的 x 的**微分**）并不是数值，而是抽象的速度。猎豹的速度不是数值，同样马的速度也不是，不过我们仍然可以说其中一个是另外一个的两倍（正如长度、面积以及所有其他的度量结果一样）。另外一个问题则是，这里我们所使用的 d（**莱布尼茨 d -算子**，即微分算子）同样也不是数值。当我们写 dx 这样一个符号时，我们并不是在表示用 d 乘以 x，其实我们是在对变量 x 应用微分算子以得到 x 的微分。我承认，这一符号有歧义的确有些烦人。然而，只要我们足够细心（也包括不选择 d 作为变量的名字），它肯定不会是什么大问题。相反，一旦你习惯了，你就会觉得莱布尼茨引入的这一符号使用起来特别灵活、特别方便。

一般来说，我们遇到的大部分度量问题最终都会归结为计算出一组变量的相对速度。至于这些变量是否包括时间，则取决于我们的决定以及我们所遇到的具体问题。如果我们关注的是某个特定的运动，那么将时间当作变量并认为其他的变量都取决于时间通常是合理的。另一方面，如果面对的是纯粹的几何问题，那么我们通常是不需要嘀嗒作响的时钟的。

设想有这样一组变量 a、b 和 c，以及一组将它们联系起来的方程，如下图所示：

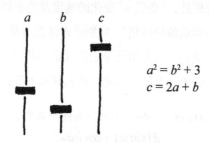

$$a^2 = b^2 + 3$$
$$c = 2a + b$$

注意到在这个例子中，没有哪个变量更特殊，同样也没有哪个变量起到了时间的作用，即没有哪个滑块是控制其他滑块的"主"滑块。相反，所有这些变量都是互相依赖的。在任意给定的时刻，这些变量都会取某个特定的值，同时也会有相应的微分（也就是它们在这一时刻的瞬时变化率）。问题是，这些变量之间的关系会怎样精确地控制它们的微分之间的相对比值呢？我们怎样通过

$$a^2 = b^2 + 3,$$
$$c = 2a + b$$

这样的信息来确定 $da : db : dc$ 这样的比值呢？

比较直接的方法就是轻轻踢一下调音板，然后查看各个滑块移动的距离，随着踢的力度逐渐变小，最后计算出它们之间比值的最终取值。这里关键的地方是，实际上我们可以不用再经历这种耗时费力的过程了。相反，我们可以简单地对这组方程的左右两边应用微分算子，即进行微分运算；于是我们有

$$d(a^2) = d(b^2 + 3),$$
$$dc = d(2a + b).$$

毕竟，如果两个变量总是相等的话，那么它们的速度也必然相等。将左右两边分别展开，我们就得到了如下的微分方程：

$$2a\,da = 2b\,db,$$
$$dc = 2da + db.$$

因此，在比方说 $a = 2$ ， $b = 1$ 而 $c = 5$ 这个时刻（这三个变量的取值的确满足原始的方程，因此会对应一个实际的时刻），我们有

$$4da = 2db,$$
$$dc = 2da + db.$$

所以在这一精确的瞬间，b 的运动速度是 a 的两倍，而 c 的运动速度则是 a 的四倍。换句话说，$da : db : dc$ 等于 $1 : 2 : 4$ 。现在，对于任何涉及相对速度变化的问题，我们都有了简单直接的方法，即求涉及的关系等式的微分。

顺便说一下，莱布尼茨最初的解释有一些不同。他认为 dx 表示的并不是 x 变化的瞬时速率，而是 x 本身的无穷小的变化。也就是说，随着 Δx 逐渐变小乃至于看不见，Δx 会"徘徊"在 dx 取值的左右，虽然 dx 并不会精确地等于 0，但它却比任何正的数值都要小。（你可以想象一下他的批评者对于这样的解释会发表什么样的评论！）事实上，只要我们足够小心，这个观点并不存在什么真正的问题。毕竟，在一段很短的时间间隔内，运动的速度之比就等于运动的距离之比。这里的关键是，$\Delta a : \Delta b$ 这一近似的比接近于 $da : db$ 这一真正的比。这两种解释，我们无论选择哪一种都可以。

✿❀ *19* ✿❀

现在，对速度问题的研究就简化为对莱布尼茨所引入的 d-算子即微分算子的研究了。给定任意一组描述运动的方程，我们可以直接通过对方程的两边进行微分运算来获得相对速度的信息。唯一剩下的问题，就是需要明确微分运算到底具有怎样的性质。那么，变量之间的相互依赖关系会怎样转化为微分之间的关系呢？

前面我们已经知道，如果 a 和 b 是两个已知变量，而 c 是由 a 和 b 组成的新变量且满足 $c = 2a + b$，那么我们可以很容易地通过 a 和 b 变化的速度来确定 c 变化的速度，即

$$dc = d(2a + b) = 2da + db.$$

这里，我们运用了微分运算是线性的这一性质；也就是说，如果 x 和 y 是任意的变量而 c 是任意一个常量，那么我们有下面这两个等式成立：

$$d(x + y) = dx + dy,$$
$$d(cx) = c\,dx.$$

不过，如果变量之间的关系更复杂，情况又会怎样呢？比方说，如果我们想比较 x 和 y 这两个变量的速度，其中 x 和 y 满足 $y = x^3 \sin x$ 这一关系等式。对于这个问题，我们当然可以直接得出 $dy = d(x^3 \sin x)$。不过，为了使关系等式直接与 dx 本身相关，我们还是需要对微分运算有更多理解。特别地，我们需要知道当作用于变量的乘积时，微分运算会有怎样的性质。$d(ab)$ 到底会怎样依赖于 da 和 db 呢？这就是我们在研究运动时

自然而然会提出的问题，即微分运算会具有哪些抽象的性质。作用于变量的平方根时，微分运算有着怎样的性质呢？如果是变量相除，又会怎样呢？不难想象，任何能够在一个数值或一组数值上进行的运算，都是可以用来描述变量之间的依赖关系的；而为了弄清楚这些变量变化的相对速度，我们必须要知道当作用于这样的运算时，微分运算会有怎样的性质。当然，很多运算（如上面所示的 $x^3 \sin x$ 这个例子）都可以看成是由一些比较简单的运算组合而成的（比如 $x^3 \sin x$ 就是 x^3 乘以 $\sin x$），因此，如果我们能够知道微分作用于一些简单运算（特别是乘法运算）时的性质，那么我们就有望能够处理这些运算更复杂的组合了。

因此，下面我们试着用 dx 和 dy 来表示 $d(xy)$。我们将与前面一样使用"手工"方法，即假设 x 和 y 以某种方式取决于 t（如果愿意，我们可以认为 t 就是时间），然后我们再看看，当 t 稍微有所变化时会发生什么。本质上，我们这样做其实就是选择 dt 作为速度的单位，这与我们处理几何问题时的情形很类似：我们会任意选择一个单位，然后以它为基准进行度量，一旦我们找出了几何量之间正确的关系，我们就会把它扔掉。（dt 与建筑施工中用到的脚手架也很像，它只是暂时很有用，最终我们会去掉它。）

假设 t 的值只有很小的变化，比如说增量为 Δt。这样，x 和 y 也会有所反应，分别变成 $x+\Delta x$ 和 $y+\Delta y$。而 xy 取值的变化则是

$$\Delta(xy) = (x+\Delta x)(y+\Delta y) - xy$$
$$= x{\cdot}\Delta y + y{\cdot}\Delta x + \Delta x{\cdot}\Delta y.$$

等式两边同时除以 Δt，我们就得到下式：

$$\frac{\Delta(xy)}{\Delta t} = x\frac{\Delta y}{\Delta t} + y\frac{\Delta x}{\Delta t} + \frac{\Delta x}{\Delta t}\frac{\Delta y}{\Delta t}{\cdot}\Delta t,$$

其中为了使最后一项相对于变量 x 和 y 是对称的，我们对它进行了重新整理。令 Δt 接近于 0，我们可以看出最后一项可以忽略不计，因此我们有下式成立：

$$\frac{d(xy)}{dt} = x\frac{dy}{dt} + y\frac{dx}{dt}.$$

此时，我们不再需要辅助变量 t，等式两边同时乘以 dt，我们就得出了我们一直梦寐以求的关系等式：

$$d(xy) = x\,dy + y\,dx.$$

这一等式有时被称为**莱布尼茨法则**。在我们研究这一发现的推论之前，我想就这一法则的含义以及为什么它有着重大的意义说几句。首先，这一法则表达的意思是，两个变量乘积的速度等于各个变量的速度乘以另外一个变量的取值然后相加。有一个很不错的方法可以从几何上看出这一点，让我们先来思考一下加法。设想有两根长度分别为 x 和 y 的树枝（因此这两根树枝既可伸长也可缩短），如果将这两根树枝放在一起，我们就会得到一根长为 $x+y$ 的新树枝。

如果某个给定的时刻树枝 x 和 y 都有一定的速度，那么 $x+y$ 的速度看起来显然等于这两者的速度之和。我们甚至可以设想经过了一小段时间并查看新树枝的变化，具体的变化情况如下图所示：

因此，$x+y$ 的变化就是 $\Delta x + \Delta y$。既然速度与长度的变化成正比，所以我们有 $d(x+y) = dx + dy$。（莱布尼茨会认为无穷小的变化为

$dx + dy$。)下面再来看一看变量的乘法,我们可以设想 xy 为边长分别为 x 和 y 的矩形的面积。

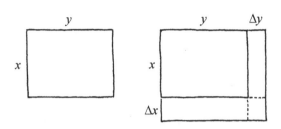

从上图中,我们可以看到,对于 x 和 y 的微小变化,面积 xy 的变化则等于 L 形长条的面积,即

$$\Delta(xy) = x\Delta y + y\Delta x + \Delta x \cdot \Delta y.$$

当增量 Δx 和 Δy 比较小时,最后一项 $\Delta x \cdot \Delta y$ 在量级上要比其他项小不少。牛顿和莱布尼茨都认识到这一项相对来说是可以忽略不计的,最终对速度并不会产生什么影响。(贝克莱对此则有一些怀疑。)一种更现代的解释(讽刺的是,如果让阿基米德或者欧多克索斯解释的话,他们几乎也会给出这样的解释)是,虽然项 $\Delta x \cdot \Delta y$ 永远不会等于 0,但它与其他项的比值却接近于 0(等式右边的前两项在量级上与 Δt 相当,而最后一项更像是在 $(\Delta t)^2$ 的量级上)。所以实际上,只要能够忽略所有涉及增量 Δ 乘积的"高阶"项,那么我们就有理由将所有形如 Δw 的项替换为相应的微分 dw。这样,我们就再一次得到了漂亮的莱布尼茨公式:

$$d(xy) = x\,dy + y\,dx.$$

接下来,让我们来看一看莱布尼茨公式的一些推论。首先,值得注意的是,根据这一公式,我们可以立即得出前面所得出的结论 $d(w^2) = 2w\,dw$,具体推导过程如下:

$$d(w^2) = d(w \cdot w) = w\,dw + w\,dw = 2w\,dw.$$

我们甚至可以用同样的方法计算出 $d(w^3)$，即

$$d(w^3) = d(w^2 \cdot w) = w^2 dw + w\,d(w^2)$$
$$= w^2 dw + w \cdot 2w\,dw = 3w^2 dw.$$

请证明：一般而言，对于变量 w 的 n 次方，我们有
$d(w^n) = nw^{n-1}dw$ 成立，其中 n 为 $2, 3, 4, \cdots$

现在，我们可以计算 $d(x^3 \sin x)$ 这样的表达式了。根据前面的工作，我们知道 $d(\sin x) = \cos x dx$，再应用莱布尼茨公式，我们有

$$d(x^3 \sin x) = x^3 d(\sin x) + \sin x\,d(x^3)$$
$$= x^3 \cos x dx + \sin x \cdot 3x^2 dx$$
$$= (x^3 \cos x + 3x^2 \sin x)dx.$$

因此，当 $x = \pi$ 时，变量 $x^3 \sin x$ 变化的速度正好等于 x 的 $-\pi^3$ 倍（也就是速度方向相反，但速率是 x 的 π^3 倍）。我们能够得到这样的信息已经很令人惊讶了，更不用说这样顺利地得到了（如果你认为两千多年以来整个关于运动的数学理论发展得很顺利的话）。

作为莱布尼茨法则进一步的推论，我们也可以很容易地计算出变量倒数的微分 $d(1/w)$。最简单的计算方法就是首先回到倒数的定义，即

$$w \cdot \frac{1}{w} = 1.$$

等式两边同时微分并运用莱布尼茨法则，则有下式成立：

$$w\,d\left(\frac{1}{w}\right) + \frac{1}{w}dw = 0.$$

重新整理，我们有

$$d\left(\frac{1}{w}\right) = -\frac{dw}{w^2}.$$

现在，我们终于知道 $1/w$ 变化的准确速度了，它取决于 w 本身是怎样变化的。

请证明对任意变量 a 和 b，我们有如下等式成立：

$$d\left(\frac{a}{b}\right) = \frac{b\,da - a\,db}{b^2}.$$

请证明：$d(\sqrt{w}) = \dfrac{dw}{2\sqrt{w}}$.

20

到目前为止，关于莱布尼茨引入的微分算子，我们已经汇集了相当多的性质。下面就是我们目前已知的性质的总结：

常数： $dc = 0$，其中 c 为任意常数；

变量相加： $d(a+b) = da + db$，$d(a-b) = da - db$.（你既可以从零开始推导出第二个公式，也可以运用 $(a-b)+b = a$ 这一等式。当然，这个公式本来就是显而易见的。）

变量相乘： $d(ab) = a\,db + b\,da$.（特别地，对于任意常数 c，我们都有 $d(cw) = c\,dw$ 成立。）

变量相除： $d\left(\dfrac{a}{b}\right) = \dfrac{b\,da - a\,db}{b^2}.$

正弦余弦： $d(\sin w) = \cos w\,dw$，$d(\cos w) = -\sin w\,dw$.

变量的幂： $d(w^n) = nw^{n-1}dw$ 成立，其中 n 为 $2, 3, 4, \cdots$

平方根： $d(\sqrt{w}) = \dfrac{dw}{2\sqrt{w}}$.

当然，后面我们还会向这一列表中添加一些公式，只不过数量不会太多。目前已知的这些公式已经可以说非常强大了，我们几乎可以利用这些公式计算任何我们能够想到的变量组合的微分。下面我们来看一些例子：

$$d(a^3b^2) = a^3 d(b^2) + b^2 d(a^3)$$
$$= a^3 \cdot 2b\,db + b^2 \cdot 3a^2 da$$
$$= 3a^2b^2 da + 2a^3b\,db.$$

$$d(\sqrt{u^2+v^2}) = \frac{d(u^2+v^2)}{2\sqrt{u^2+v^2}} = \frac{2u\,du + 2v\,dv}{2\sqrt{u^2+v^2}}$$
$$= \frac{u}{\sqrt{u^2+v^2}}\,du + \frac{v}{\sqrt{u^2+v^2}}\,dv.$$

$$d\left(\frac{\sin w}{\cos w}\right) = \frac{\cos w\,d(\sin w) - \sin w\,d(\cos w)}{\cos^2 w}$$
$$= \frac{\cos^2 w\,dw + \sin^2 w\,dw}{\cos^2 w}$$
$$= \frac{dw}{\cos^2 w}.$$

有时候，我认为微分算子与作用于复杂的大分子上的酶有些类似（而变量本身则作为组成大分子的原子）。比如，如果 x 和 y 是原子，那么我们就可以构造出 $(y\cos\sqrt{x})^3$ 这样复杂的分子。同时，我们可以认为它是按照如下的层次结构构造出来的：从变量 x 开始，接着求它的平方根，然后求余弦，再乘以 y，最后再求整个表达式的立方。因此，从结构上来看，我们可以认为它是一个立方。也就是说，我可以故意看不清楚（不妨这样假定），认为它是 $(\text{blah})^3$，这里，我们暂时忽略" blah "表示的到底是什么这个细节。这样，微分算子"酶"就可以工作了，即

$$d((\text{blah})^3) = 3(\text{blah})^2 \, d(\text{blah}).$$

这是因为 $d(w^3) = 3w^2 dw$ 对于任意变量 w 都是成立的，而无论 w 看起来是什么样子。也就是说，微分算子并不会关心" blah "是什么，而只会关注自己的工作，即一步步地揭开分子组成的奥秘。（这一过程通常称之为链式法则。）

接下来的问题则是计算 $d(\text{blah})$。由于 blah 本身就是一个乘积，即 $y\cos\sqrt{x}$，因此运用乘法法则后，我们有

$$d(\text{blah}) = d(y\cos\sqrt{x}) = y \, d(\cos\sqrt{x}) + \cos\sqrt{x} dy,$$

这样我们就揭开了这个分子的下一层结构。接下来，我们则需要分解 $d(\cos\sqrt{x})$，我们有

$$d(\cos\sqrt{x}) = -\sin\sqrt{x} d(\sqrt{x}).$$

最后，根据本节开始时所列出的微分公式，我们有

$$d(\sqrt{x}) = \frac{dx}{2\sqrt{x}}.$$

将所有的步骤综合在一起（并重新用变量 x 和 y 来表示），我们有如下等式：

$$d((y\cos\sqrt{x})^3) = 3(y\cos\sqrt{x})^2\left(\cos\sqrt{x} dy - \frac{y\sin\sqrt{x}}{2\sqrt{x}} dx\right).$$

原则上，通过对所有的项进行化简一直到它成为只取决于"原子"

变量本身的微分，我们就可以计算出由变量所组成的任意表达式的微分，即使是那些最复杂的表达式。设想一下，要是我们还用手工方法来计算相对速度，即使变量增加一个很小的量然后再试着计算出大量很小的数值的比的最终取值，这个工作量应该相当大。而现在，有了微分算子负责记录穷竭法所得出的结果，我们就可以不用再接触这些繁琐的细枝末节了。想一想，这样一来我们节省了多少工作量啊！

这与我们在普通的算术运算中遇到的情形十分类似。在算术运算中，我们有一套用来表示一定数目石子（或别的什么）的编码方案，也就是通常所说的印度–阿拉伯数字序列（例如，231 表示的是两个含 100 个石子的石子堆、三个含 10 个石子的石子堆，外加一个石子）。然后我们就可以问，当我们以不同的方式重新安排组合这些石子堆时，表示石子数目的编码会表现出什么样的性质呢？

例如，如果有两个分别有 231 和 186 个石子的石子堆，那么它们的和的编码会是多少呢？也就是说，如果我们将这两个石子堆放在一起，总共会有多少个石子呢？我敢肯定，你们都知道，有一个很著名的系统可以用来进行这样的计算：6 加 1 等于 7，8 加 3 等于 11，进位为 1，2 加 1 再加进位等于 4，因此答案是 417。

这里的关键是，我们并不需要有任何实际的石子；即使只有符号，计算（这个例子中是加法）也是可以进行的。因此，我们不用再把石子堆到一起，然后用手一个一个地数，符号系统可以为我们做这样的事。（当然，必须要有人先发明这样的符号系统！）

像这样的符号计算系统，通常称之为运算（calculus，拉丁语"数石子"的意思）。一个运算通常由以下三部分组成：象征性地表示相关对象的符号，一组（数目可能很少）操作步骤（如进位），再加上一组基本性质的列表（数目同样也可能很少）——比如说，单个数相加的和总是确定的，像在十进制中，1 加 1 总会等于 2。其思路则是利用运算步骤将复杂的问题分解成许多简单的部分，然后通过查列表中的基本性质来解决这些简单的部分（当然，如果你愿意，你完全可以将这些性质记住）。

例如，初等算术中的乘法运算，就包含进位与移位这样一些步骤以及名声不佳的乘法表。乘法运算的神奇之处则在于，有了乘法，我们就可以简单快速地完成那些没有乘法时很费时费力的计算。比如计算 1876 乘 316，我们就只需要操作一些符号（或者，让机器来计算可能是更好的方法），再也不用先费力地摆出每行 316 个、共 1876 行的石子，然后数这堆石子的个数了。这样看来，运算的确是值得拥有的工具。

不过它也是一种稀罕之物，数学中的大多数问题是无缘享受这样系统的对待的。事实上，数学中很多重大的问题多半至今仍然没有解决，而那些有所进展的问题则需要我们进行特殊的单独处理并继续投入大量的聪明才智。偶尔，如果我们因为一类问题而发明了一种新的运算，那总会是很重大的成就。

现在，我们有了微分运算，这的确很值得庆祝一番。微分运算，其实是一种系统的计算微分的机械步骤，它并不需要"将石子堆在一起"，也使得我们不必再从零开始运用穷竭法。"差的计算"（calculus differentialis）即微分学，是莱布尼茨最伟大的贡献，我打算用本书剩余的章节来展示它惊人的力量和广泛的通用性。

作为这一新方法的示例，下面我们来度量一下螺线运动的速度。

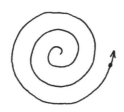

　　这里的第一个问题是，究竟我们所说的螺线运动指的是什么样的运动呢？我喜欢认为它是这样一个点，位于一边旋转一边延伸的树枝的一端。为了使问题简单，我们假设树枝在旋转和延伸时都是匀速的。事实上，我们不妨假定两者都为 1。如果树枝只是简单地旋转，那么我们可以用标准的匀速圆周运动来描述它，即 $x = \cos t$，$y = \sin t$。不过，由于树枝同时也在延伸，因此这一运动的方程需要修正为

$$x = t\cos t,$$
$$y = t\sin t.$$

　　这就是这个问题最难的部分——选择一个模型并建立起坐标系。这样，我们就知道了这一螺线运动的起点是 $(0,0)$，此时 $t = 0$，而运动的方向则是逆时针。

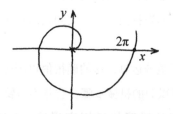

　　当时间 $t = 2\pi$ 时，运动这一点的位置为 $(2\pi, 0)$。那么，这一运动的速度是多少呢？对运动的方程进行微分，我们就得到了下面这两个等式：

$$dx = (-t\sin t + \cos t)dt,$$
$$dy = (t\cos t + \sin t)dt.$$

　　因此，这一运动在任意时间 t 的速度在水平、垂直两个方向的分量即 $(\dot{x}, \dot{y})$ 为 $(\cos t - t\sin t, \sin t + t\cos t)$。特别地，旋转满一圈时（此时 $t = 2\pi$），运动的速度为 $(1, 2\pi)$，所以此时的速率为 $\sqrt{1 + 4\pi^2}$。

证明这一螺线运动与方程为 $x = t$， $y = \frac{1}{2} t^2$ 的抛物线运动的速率总是相等的。

现在，我们终于有了一种简单可靠的方法，可以度量一组相互关联的数值变量之间的相对速度了。特别值得一提的是，我们已经完全解决了速度的度量问题。给定任意的运动（也就是一组与时间有关的变量，以及表示这种相关性的方程），我们都可以直接对运动的方程应用微分算子，然后根据微分运算法则计算出等于 dx / dt 之比的速度的分量 $\dot{x}$。

仅仅这一点，似乎就已经足以作为人们曾经为微分学的发展付出巨大努力（包括概念和技术这两方面）的理由了。但事实上，不只是速度，几乎所有的度量问题都可以用变量和微分来表示，同时微分学还使得我们可以很容易地解决其中的很多问题。（当然，我则认为，微分思想本身的美妙和深刻才是我们需要为之努力的真正的理由。）

特别地，还在微分学发展的早期，人们就已经发现这些方法也可以用来解决古典几何学中的问题，也就是角度、长度、面积和体积的度量问题。从很多方面来说，这都是非常令人惊奇的。毕竟，微分表示的是变量的瞬时速度，而几何量则是固定不变的。

在前面的章节中，我们提到了阿基米德度量抛物线的问题，他发现了下面这个十分漂亮的结果：如果长方形中有一条抛物线（如下图所示），那么抛物线与长方形的上底所围区域的面积总是刚好等于这个长方形面积的三分之二。

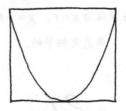

阿基米德将抛物线所围的区域切分成近似的三角形，再巧妙地组合这些三角形，然后用穷竭法证明了这个结论。这个证明堪称古典技术的杰作，不过它涉及的细节却相当复杂。下面，我想向你展示另外一种不同的证明方法。

与往常一样，我们先建一个坐标系来描述这一抛物线，其中坐标轴的选择需要考虑抛物线的对称性，而单位的选择则试图使抛物线的方程尽可能简单，即 $y = x^2$。因此，我们建立了如下图所示的坐标系：

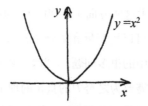

这样一来，抛物线的形状就由两个抽象的数值变量 x 和 y 以及它们之间的关系决定了。这里关键的思路是，我们不再切抛物线上某个固定的点来形成被包围的区域，而是设想切抛物线的这一点是运动的，这样抛物线所围区域的面积就成为变量了。

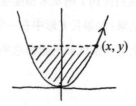

当这一点沿抛物线运动时，所围区域的面积就会发生变化。因此，我们的问题不再仅仅是确定某个特定的抛物线区域的面积，而是需要度量所有这样的抛物线区域的面积。换句话说，我们关注的是抛物线被切断的位置与抛物线所围区域面积之间的关系。

如果愿意，我们可以将抛物线当作一个慢慢充满某种液体的碗。

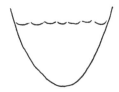

随着碗中液体位置的上升，液体的面积也在增加（这里的液体是想象的二维液体）；因此，我们的问题就变成：液体的面积怎样取决于液位的高度？

这里的关键是，面积现在是变量了，因此它也有了变化的速度。也就是说，这里的面积不再是冰冷的、毫无生气的面积，只是在那儿静静地待着；它变成了活跃的、令人兴奋的面积。同时由于是液体原本就能够流动，因此面积也就有了微分。下面，我们来看看能否得出液体面积和液面高度这两者之间的关系。

让我们回到抛物线的坐标进行观察，我们可以发现，在这一运动过程中的任意时刻，都有三个相关的变量，即 x、y 和面积 A。现在我们要解决的问题，则是找出这三个变量之间的准确关系。

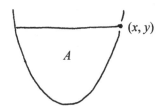

如果我们晃动一下抛物线"这只碗"，那么切割的这一点就会有所移动，因此 x、y 和面积 A 都会有微小的变化。

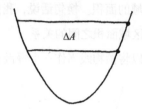

面积的变化 ΔA 看起来就是上图中所示的细长条的面积，它会是多大呢？直观上，我们会认为它的面积与和它等高等宽的矩形的面积相当，也就是大约等于 $2x\Delta y$。

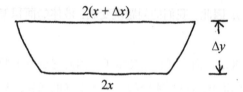

更准确地说，这个（左右两边是曲线的）长条的面积必然要比它内部的矩形面积 $2x\Delta y$ 稍微大一点，比它外部的矩形面积 $2(x+\Delta x)\Delta y$ 稍微小一点。这就意味着有下面这个不等式成立

$$2x\Delta y < \Delta A < 2(x+\Delta x)\Delta y.$$

当然，这三个量都接近于 0，不过它们的相对比值却并不是。特别地，$\Delta A\,/\,\Delta y$ 处在另外两个值之间，即

$$2x < \frac{\Delta A}{\Delta y} < 2(x+\Delta x).$$

既然上界和下界都与同一个值即 $2x$ 接近，因此 $\Delta A\,/\,\Delta y$ 必然也接近

于这个值，即

$$\frac{\Delta A}{\Delta y} \to 2x.$$

另一方面，作为变量 A 和 y 的微小变化的比值，$\Delta A / \Delta y$ 必然也接近于这两个变量微分的真正比值。因此，我们有 $dA / dy = 2x$。等式两边同时乘以 dy，我们就得到了抛物线所围面积的微分方程，即

$$dA = 2x \, dy.$$

实际上，在 ΔA 和 Δy "刚好消失之时"即特别小的时候，矩形面积的约等式 $\Delta A \approx 2x\Delta y$ 会变成严格的等式 $dA = 2x \, dy$。

通过这个等式，我们知道了面积 A 是怎样取决于 x 和 y 的。稍显不足的是，它有些间接，我们需要通过变量的微分来获得有关变量的信息。相对于速度问题，这是一个相反方向的问题：这里不再是已知运动求速度，而是已知运动的速度，想通过速度信息来复原原来变量之间的关系。（早在十七世纪，费马等人就发现面积的度量与速度的度量是两个相反方向的问题，而速度反而与斜率有关；不过直到微分学兴起之后，人们才开始关注这个问题。）

因此，我们发现，度量抛物线区域面积（也可以是任何面积）的问题现在已经转化为求解微分方程的问题。也就是，我们必须要知道变量 A 与 x 和 y 到底有什么样的关系，从而当我们对它进行微分时，我们能够得到上面的微分方程。

结果表明（至少对这个例子来说），这个问题并不是很难解决。抽象地看，其实这里只有下图所示的三个变量和两个等式。

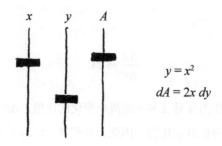

$$y = x^2$$
$$dA = 2x\, dy$$

第一个等式表明了我们正在度量的形状，而第二个等式则来自于我们的几何推理。此时，我们可以完全忘掉这一问题的来源和诱因，而将它看成是关于三个变量的完全抽象的问题。那么，我们怎样用 x 和 y 来表示 A 呢？

第一步，我们可以先将 y 从微分方程中去掉，毕竟我们知道它就是 x^2。因此，我们可以把这一微分方程重新表示为

$$dA = 2x\, dy = 2x\, d(x^2) = 4x^2 dx.$$

这样，我们现在的问题就纯粹是关于微分方程的技术问题了。到底 A 是什么才能使 $dA = 4x^2 dx$？这里，我们想知道的不再是怎样求变量的某个特定组合的微分，而是想知道怎样进行微分的反方向操作。

这其实是数学中的一个重大主题。如果一个操作很有意思，那么与它相反方向的操作通常也总会很有意思。比如，有了加法，人们就会有做加法反方向的操作（即减法）的想法；既然可以求平方，那么求平方根自然也是可以的；其他运算依此类推。这样的行为是可以从语言中找到原因的。任何可以被描述的运算或者过程总是会引起语言的扩展，有了这种新的表达能力后，我们就可以用它来提问了（比如多少加 7 等于11？），而我们的好奇心又总是会驱使我们反转这一过程。好比你打了一个结后，你可能立即会有解开这个结的想法（或者至少是有产生这种想

法的可能）。从这种观点来看，我们可以发现算术和代数基本上是相反方向的运算。举例来说，算出 1+1 等于 2 是算术运算，根据 1+x 等于 2 算出 $x=1$ 就是代数运算了。

总之，这里我们遇到了一个无论是实践上还是理论上都很有意思的问题：我们怎样对表达式进行微分运算反方向的操作呢？结果表明，与微分的情况相反，并不存在一种这样的运算。也就是说，并不存在一种系统的、按部就班的求解微分方程的步骤。不过，这并不是说在很多情况下（也包括现在这个例子）我们不能够成功求解微分方程，而是说没有通用的总是能够成功的求解公式。

因此，求解微分方程可以说是一种艺术，想象和直觉所发挥的作用不会亚于我们所掌握的计算技巧。这既让人沮丧（因为这意味着我们无法解决很多我们特别感兴趣的问题），又让人着迷。无论我们多聪明，也无论我们抓得多么紧，数学总是能够从我们的指缝间溜走。

这与处理数值时我们遇到的情形十分类似：我们可以求任何分数的平方，但求平方根时，我们却会遇到不能够用分数表示的数值即无理数。微分运算也是这种情况：只有在最幸运的情况下，我们才能够明确地确定微分方程的解；大部分情况下，我们只能得到间接的描述（如"平方是 2 的数"这样的描述）。

幸运的是，抛物线这个例子并不属于大部分情况，而是那些我们能够求解的少数情况之一。事实上，我们可以求出 $dA=4x^2dx$ 这一微分方程的解，从而确定抛物线所围区域的面积。（当然，是因为阿基米德曾经求出了这一面积，所以我们才这样肯定！）不仅如此，我甚至可以给出一种通用的求解微分方程的方法——猜测；当然，这个方法并不总是能够成功（甚至连经常成功也说不上）。这里所说的猜测，并不是随机地、毫无根据地瞎猜，而是依据经验和悟性而做出的聪明的、理智的猜测。毫无疑问，求解微分方程的经验越多，所做的猜测就可能越准确。

比如，经验告诉我对 $4x^2dx$ 进行微分运算的逆运算很可能会涉及 x^3，因为我知道 $d(x^3) = 3x^2dx$。事实上，知道了这一点后，我就明白了接下来要怎样做。既然我们要求解的 $4x^2dx$ 只是已知的 $3x^2dx$ 的常数倍，所以我需要做的只是相应地调整一下猜测，即我需要将猜测修正为 $\frac{4}{3}x^3$。不出所料，

$$d\left(\frac{4}{3}x^3\right) = \frac{4}{3} \cdot 3x^2dx = 4x^2dx.$$

因此，我们可以将抛物线所围区域面积的微分方程重新表示为

$$dA = d\left(\frac{4}{3}x^3\right).$$

到了这里，我也很想我们就此能够得出 A 必然与 $\frac{4}{3}x^3$ 完全相等的结论，而且实际上也的确是这样，不过对于这样的推理我们必须要更谨慎一些。我们不能因为两个变量有着同样的微分就断定这两个变量是相等的，比如一辆汽车与它的挂车的速度总是相等的，但两者的位置却并不相等。这也与求平方和平方根的情况很类似：4 与 −4 的平方相等，但它们本身却并不相等。这里的关键是，与平方运算一样，微分运算同样也会丢失信息。因此，当我们进行相反的运算过程时，总是会存在一些不确定的地方。

特别地，由于对任意常数 c 都有 $d(c) = 0$ 成立，因此我们是无法区分 $d(w)$ 与 $d(w+c)$ 的。换句话说，差总为常数的两个变量总是会有相同的微分。两个变量要想拥有相同的微分，这是唯一的可能吗？$dw = 0$，是否一定意味着 w 必然是一个常数呢？的确如此！$dw = 0$ 这一方程的意思

就是 w 根本就是静止的。因此，如果变量 a 和 b 有相同的微分即 $da = db$，那么我们有

$$d(a-b) = da - db = 0,$$

这说明 $a-b$ 必然是常数。这也就是说，在进行与微分运算相反的运算时，会存在一些不确定的地方，不过不会太多。与数有两个平方根一样，在对微分方程进行求解时，我们也会得到无穷多个答案，不过所有这些答案都只相差一个常数。

因此，虽然我们不能够从 $dA = d\left(\frac{4}{3}x^3\right)$ 这一微分方程直接得出 A 必然等于 $\frac{4}{3}x^3$ 这样的结论，但我们还是能够得出下面这样的结论：这两者最多相差一个常数，即

$$A = \frac{4}{3}x^3 + 常数.$$

仅根据微分方程，我们最多只能够得出上面这样的结论。正如我们不能够仅仅根据速度计来判断我们是在汽车里还是在汽车后面的挂车里一样，仅仅根据微分方程就想去掉右边的常数同样也是不可能的。之所以有这种不确定性，是因为我们的几何论证仅仅考虑了面积的变化，而没有考虑我们从哪里开始度量面积。

事实上，我们的确还掌握一点更多的信息，这就是人们通常所说的初始条件。我们知道，在抛物线的顶点处，变量 x 和 A 都等于 0。既然上面的方程表示的是变量 x 和 A 在任意时刻的关系，因此在顶点处这一方程仍然是成立的。这就意味着，这个（假定存在的）常数事实上必然等于 0。至此，我们终于得出了 $A = \frac{4}{3}x^3$ 这一结论。

一般来说，求解微分方程通常有下面这两个步骤：通过聪明的猜测

外加修正得到人们所称的通解，然后再利用变量的特殊值，通常是初始值，来明确那些不确定的常量。

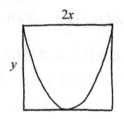

回到前面所建立的坐标，我们可以看到包含我们一直在讨论的抛物线区域的矩形的面积为 $2xy = 2x^3$。因此，抛物线所围区域面积与矩形面积的比为

$$\frac{\frac{4}{3}x^3}{2x^3} = \frac{2}{3}.$$

既然这个比值与任何单位都无关，因此我们现在可以扔掉前面所用到的所有辅助手段了，包括坐标系、变量、方程以及其他的辅助手段；我们可以简单地说（就像阿基米德那样），抛物线所围区域的面积总是等于它所在矩形面积的三分之二。

如上图所示，倾斜的抛物线区域的面积是多少？

22

现在，让我们稍微回过头来想一想刚才都发生了什么。不过，我不想让我们大的思路迷失在计算的细节之中。这里的重点是，我们甚至可以将微分方法应用到像几何量的度量这样看起来静止的对象上。其中最关键的思路是，使我们要度量的量运动起来。微分学的所有应用，包括几何、数学物理、电机工程以及其他应用等，都可以归结到这个思路上来。如果你想度量某个事物，那么首先你需要使它运动起来。一旦运动了起来，它就会有运动的速度，这样一来，只要我们比较幸运（通常我们都会很幸运），我们就能够得出某种形式的微分方程，它描述了我们要度量的量的运动方式。

这就意味着，对度量的研究最终会转化为对微分方程的研究（多边形的度量也就是三角学很可能是一个例外，因为我们可以用更简单的方法）。微分方程解的存在性和唯一性问题（以及它们是否能够被明确地描述），曾经是十八世纪的数学关注的主要问题，现在也仍然是一个很活跃的数学研究领域。

前面度量抛物线所围区域的面积时，我们所用的获得微分方程的方法实际上很通用的。它由以下三个步骤组成。首先，找到一种可以将我们要度量的面积看成是变量的简单方法；也就是说，我们要让面积运动起来。然后，用坐标变量的变化来估算面积的变化。最后，使所有微小的变化接近于 0，这样第二步中我们的估算就变成了关于瞬时速度的严格等式，也就是微分方程。

举例来说，比如我们想要度量下图所示的闭合曲线所包围的面积。

有一种简单的方法可以使我们要度量的面积运动起来，那就是选择一个方向，然后按照这个方向去"扫描"面积，就好像我们在使曲线通过扫描仪。

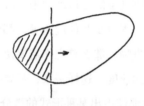

这样一来，面积这个变量就取决于扫描线的位置。下面我们用 w 来表示扫描线的位置（也就是到目前为止扫描过的区域的宽度），同时用 A 来表示扫描过的面积。在任意给定的时刻，我们都会有一条横截线的长度，假定用 l 表示。这样，当扫描仪移动时，变量 w、l 和 A 就会发生变化。

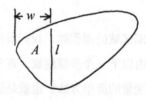

当然，w 和 l 关联的方式是取决于曲线的形状的（事实上，这两者之间的关系就决定了曲线的形状）。如果扫描仪的位置发生细微的变化，比如说从 w 移动到 $w+\Delta w$，那么长度 l 和面积 A 也会相应地有所变化。

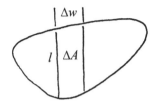

当这些值的变化都特别小时，面积的变化 ΔA 基本上就是宽为 Δw 、高为 l 的细长的矩形的面积。因此，我们有下面这样一个近似，即

$$\Delta A \approx l\Delta w.$$

表达这种近似关系的另外一种方式则是，从某种意义上来说，$\Delta A / \Delta w$ 就是这个小的扫描区间内横截线的"平均"长度，因此，它必然近似地等于 l。当然，随着扫描区间的宽度越来越接近于 0，小长条的面积 ΔA 也变得越来越小，这一平均长度就会越来越精确地接近于 l。因此，我们得出了如下形式的微分方程：

$$dA = l\, dw.$$

这一方程所表达的意思是，已扫描区域面积的变化速度就等于横截线的长度与扫描速度的乘积。看到这样的表述，你是否想起了帕普斯原理？莱布尼茨本人的观点是，已扫描的区域是由无数多个特别细长的矩形组成的，因此上述的微分方程本质上就是矩形面积等于"长乘宽"这一公式在无穷小情况下的表示。

无论你想怎样解释，上面这一微分方程都是非常典型的。我们可以说，这一结论对于任意曲线、任意扫描方向都是成立的。也正是因为这一点，所以我们需要明智地选择扫描方向，这样才能够得到尽可能简单的微分方程。（特别地，我们的选择将会决定 w 和 l 到底有什么样的精确关系，而这两者的关系会对我们是否能够求解所得到的微分方程产生极大的、微妙的影响。）

下面让我们来看一个很好的示例，用这种方法去度量**正弦拱**的面积，也就是如下图所示的正弦曲线 $y=\sin x$ 的一拱。

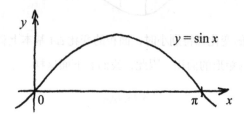

这里，我们选择水平地扫描是很有道理的，因为这样扫描线的位置就是坐标 x 本身（从 0 运动到 π），而横截线的长度则是 $\sin x$。因此，我们有如下关于面积的微分方程：

$$dA = \sin x \, dx.$$

$A = \cos x$ 是这个微分方程解的合理的猜测，不过实际上（根据前面的运算）我们有 $d(\cos x) = -\sin x \, dx$，因此，这个解还差一个负号。所以 $A = -\cos x$ 是方程的解。显然，这样的解还差一个积分常量。好在根据初始条件 $x = A = 0$，我们能够计算出这个积分常量必然是 1。因此，我们有

$$A = 1 - \cos x.$$

这样，无论扫描线位于什么位置，我们都能够根据这一公式计算出扫描过的面积。特别地，当 $x = \pi$ 时，我们就得到了下面这个十分漂亮的结果，即一个完整的正弦拱的面积正好等于

$$1 - \cos x = 1 - (-1) = 2.$$

结果竟然如此漂亮！这样的结果也总让我觉得特别神奇（如果考虑

到正弦函数的超越性质的话，我还能感觉到一些讽刺）。

下面，我们再来看看这种方法与经典的穷竭法之间的紧密关系，我认为理解这种关系对我们也很重要。

 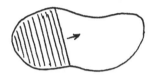

经典的穷竭法的思路是，选择一个方向，然后将我们要度量的面积切分成很小的近似的矩形。如果极为幸运的话，我们就有可能觉察出这些近似值的模式并计算出它们的最终取值。如果采用了微分的方法，那么我们并不需要很聪明，我们只需要写出微分方程，然后让微分运算来做所有的模式处理工作。这样，难点就不再是剖分多边形和近似值中有关模式的细节，而是求解微分方程了。这样的转换几乎总是值得的。因为即使不考虑技术细节，微分方法至少是完全通用的；而经典的穷竭法则不然，每遇到一种新的形状，都需要有专门的、特殊的方法去处理。

因此，"石子与符号"这样的类比是十分恰当的。经典的穷竭法就像是在处理大量的石子堆，而微分方法则像是在加一列一列的数字，我们甚至可以制造机器来帮我们进行这样的计算。这与数学中所谓几何学算术化（arithmetization of geometry）这一历史大趋势相吻合：形状变成了数值模式，形状的度量则使用微分方程。

你能够构造出已扫描区域的体积的微分方程吗？它与卡瓦列里
原理相比怎么样呢？

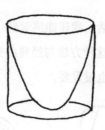

请证明，上图所示的抛物面（由抛物线绕着它的轴旋转而成）与
圆柱体上底面所围区域的体积正好等于圆柱体体积的一半。

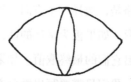

你能够度量出上图所示的正弦拱绕横轴旋转一周后所形成的旋
转体的体积吗？

下面，我们来看本节的最后一个例子，用一种很有意思的方法来求
圆的面积（之所以选择这个例子，是因为圆的面积同时也是穷竭法经典
的示例）。我知道，对于圆我们都已经很了解了（可以说是了解了我们所
能够了解的）。不过这里我想展示的是，即使是旧的问题，微分方法也能
够带给我们新的思路。具体到这个例子，我们不再度量扫描过的面积，
而是使圆的面积从圆心处向外"生长"。

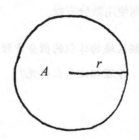

因此，半径 r 和面积 A 都会是变量。这样一来，当半径变大时，圆的面积的增量就是圆环的面积。

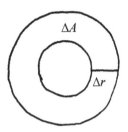

当半径的变化值 Δr 比较小时，增加的圆环的面积可以（近似地）展开为宽为 Δr、长为圆周长度 $2\pi r$ 的矩形。因此，我们有 $\Delta A \approx 2\pi r \Delta r$，对应的微分方程则是

$$dA = 2\pi r\, dr.$$

根据这一微分方程，再加上 $r = A = 0$ 这样的初始条件，我们可以计算出面积 A 必然等于我们所预期的 πr^2。

我们可以用类似的方法度量出球体的体积吗？

23

因此，各种微妙的、漂亮的形状和运动以及所有那些关于它们的度量的有趣的问题，都可以归结到进行微分运算以及与它相反方向的操作上。微分运算本身是将变量转化为微分，不过很多十分有意思的度量（比如面积和体积的度量）却涉及与它相反方向的操作。因此，从很多方面来说，微分运算的逆过程更有趣，特别是在微分本身已经是一种运算的

情况下。

当然，莱布尼茨本人的解释稍微有一些不同：他并不认为 dx 是变量 x 的瞬时速度（虽然他肯定完全理解了牛顿的流数理论），而是（有些神秘地）认为它是 x 无穷小的变化。下面，我们来看一个对我们理解问题很有帮助的类比，即认为 x 是一组数字，我们通常所说的离散变量：

$$x: 0, 1, 3, 2, 5, 6, 4, \cdots$$

而 dx 则类似于 x 的两个相邻取值的差或者说间隔的列表，因此我们有

$$dx: 1, 2, -1, 3, 1, -2, \cdots$$

现在，我们可以认为微分运算的逆过程就是依据这些差值去找原始的数值列表。显然，通过累加和我们就可以做到这一点。也就是说，如果将差值列表中的前 n 个数相加，我们就能够得到原始的数值列表中的第 $n+1$ 个数。不过，我们需要注意的是，这里会有一些不确定性，即如果 x 的所有取值都同时加或者减一个数（这里我们假设 x 的所有取值都加 3），那么差值列表并不会发生什么变化。所以通过累加和，我们虽然并不一定能够准确地找回原始的数值列表，但最坏的情况也只是所得到的所有数值都与原始的数值相差一个常数。

因此，莱布尼茨认为微分运算的逆过程有些类似于求和操作，虽然这种求和操作比较奇怪。这种想法背后的思想是，我们是在通过"平滑地"相加无穷多个非常小的差值 dx 来恢复原始变量 x 的值。由于这个原因，莱布尼茨引入了 $\int$（它是拉丁语"和"一词 summa 的首字母 S 很花哨的写法）来表示微分运算的逆操作。不管怎样，像平方根符号一样，这一符号使用起来很方便，也没有什么坏处。

事实上，与平方根的类比很贴切，这也是我一直在拿这两者进行类

比的原因。假定有这样一个数 x，而且我们知道 $x^2 = 16$。将这个等式重写为 $x = \sqrt{16}$ 这样的形式实际上并不会改变什么，但它的确为我们提供了一个易于使用的缩写。有了这个缩写，我们就可以称 x 为"16 的平方根"，而不用再称它为"平方等于 16 的数"。当然，具体到这个例子，我们知道 x 必然等于 4 或者 –4。

类似地，如果变量 x 和 y 是通过一个微分方程联系起来的，比如说

$$dy = x^2 dx,$$

那么我们就可以用莱布尼茨引入的这个符号将它重新表示为下面这个让人看起来更满意的形式，即

$$y = \int x^2 dx.$$

顺便说一句，上面等式的右边通常读作"$x^2 dx$ 的积分"，而不是旧的名称"和"。（积分 integral 一词来源于拉丁语 integer，即"整个"的意思。）莱布尼茨引入的这一符号通常称为积分符号，而微分运算的逆过程则通常被称为**积分**。

对于这个具体的例子，我们可以通过先猜测再修正的方法得到下面的结果，

$$\int x^2 dx = \frac{1}{3} x^3 + 常数.$$

实际上，现在人们大多以一种不太严谨的方式使用平方根符号 $\sqrt{\ }$ 和积分符号 $\int$。也就是说，当我在写 $\sqrt{16} = 4$ 的时候，其实我很清楚 –4 也是 16 的一个平方根，甚至有时候我会写 $\sqrt{16} = \pm 4$ 这样的等式来提醒自己存在这种可能。类似地，虽然完全明白等式右边可能还缺少一个积分常数，

但通常我还是会写像下面这样的等式：

$$\int x^2 dx = \frac{1}{3} x^3.$$

同样的问题也存在于其他有信息丢失的运算中，即如果经过运算后，几个不同的数值会得到相同的结果，那么反方向的运算就会存在一定的不确定性。虽然我们可以自己决定怎样用符号来处理这样的情况，但我们还是需要认真的态度，因为一不小心就有可能出现一些令人费解的事情。

总之，大多数的数学家都会用积分符号（至少在目前的情况下）来表示用特定微分方程描述的变量。同时，虽然表示不确定性的常量通常不会被明确地写出来，但数学家都知道它们是存在的。当一个人在说"16的平方根"或者"$x^2 dx$的积分"时，他必须要明白这种表述背后的比较专业的含义。

因此，度量的技术在很大程度上取决于我们对积分运算性质的掌握水平。正如我前面提到的那样，要提高这方面的能力并不容易。然而，这并不是说我们什么也不知道。在过去的 350 年里，人们已经发现并汇集了数百个模式和公式，并用通常所说的积分表的形式表示了出来。实际上，这就相当于为我们提供了某种积分运算（尽管这一运算并不完善，因为有很多很自然就出现的、十分有趣的微分并没有在积分表中出现）。

下面，我们继续积分与平方根的类比。的确，我们会有比较幸运的时候（如遇到的是 $\sqrt{16}$ 这样的平方根），此时可以将平方根重新表示为更明确的形式；不过，大部分时候我们遇到的会是像 $\sqrt{2}$ 这样的情况，此时问题就不再是找出更简洁的形式，而是这个值用我们所希望的语言根本就表达不出来。

类似地，大多数的积分也不能够用通常所说的基本运算（如加法和减法、乘法和除法、平方根以及正弦和余弦）来表示。例如，积分

$$\int \sqrt{1+\sin^2\sin^2 x} dx$$

作为一个变量显然是存在的，我们都知道它以某种确定的方式取决于 x（至少在不考虑不确定的常量的情况下是这样），不过这种依赖关系却已经被证明不能够用代数和三角函数来表示。这是一个很好的展示现代数学力量的示例，我们居然还能够构造出这样的变量（虽然很抱歉，不过这里我的确不能够向你解释为什么）。

因此，从理论上来说，我们目前所处的位置非常有意思。具体有什么表现呢？就拿闭合曲线所围区域的面积来说吧，我们首先遇到的情况就是，原则上大部分的曲线是描述不了的（那是因为它们不具有某种能被有限的语言所描述的模式）。除此之外，即使是那些我们能够讨论的曲线（也就是那些可以用一组相互关联的变量来描述的曲线），它们所围区域面积的微分方程，通常也不会有可以明确描述的解。也就是说，我们虽然有了如此漂亮强大的微分理论（还包括一种运算），但主宰者（数学之神？）却只允许我们知道极为有限的明确知识。

从好的方面来看，至少现在我们有了一种度量物体的通用语言，而且通过这种语言我们可以建立度量之间的联系并进一步发现度量之间的关系，虽然很有可能我们并不能够明确地知道这种关系。特别地，如果我们可以通过两个看似无关的问题推导出相同的微分方程，那么即使我们不能够求出这个微分方程的解，我们仍然知道这两个问题之间存在着深层次的联系。如果认真思考的话，你就会发现：这才是语言构造能力真正的价值，而且只有人类才有能力做这样的事情。

抛物线所围区域的面积与圆锥体的体积之间有什么样的联系？

你能够求出 $2x \, dy = y \, dx$ 这一微分方程的解吗？

下面，我想着重指出几何度量的古典方法与现代方法之间的差异。古典的希腊方法，其思想是先固定住要度量的对象再将它切分成小片；十七世纪的现代方法，则先让要度量的对象运动起来，然后再观察它是怎样变化的。无穷多变化的量处理起来居然要比一个静止的量还容易不少，这的确有些反常（或者至少有些讽刺）。再一次地，其中的要点是，使我们要度量的对象运动起来。

当然，要是我们处理的问题原本就涉及运动，这件事做起来就更加简单了。毕竟，要让已经在运动的事物运动起来，这肯定不会很困难。下面，我们以摆线长度的度量来说明这一点。

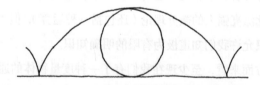

由于摆线自身的特点，摆线完整一拱的长度自然就成了我们要度量的对象（这里，我们假定度量的结果是与滚动的圆的直径相比较）。为了度量这一长度，古典的方法是将摆线切分成很短的小段，然后就可以用直线的长度来近似这些小段的长度，最后试着计算出近似总长度的最终取值。（十七世纪三十年代，伯努利等人实际上就使用了这种方法。）

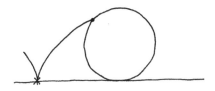

相反，如果能以某种方式将这一长度看成一个变量，那么我们就能够利用现代的微分方法了。好在这一长度显然是一个变量，因为摆线就是由圆滚动形成的。因此，在每一个时间点，运动这一点的轨迹都会有一定的长度。

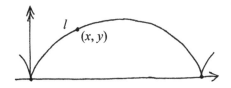

回到摆线的坐标描述，我们有三个变量 t、x 和 y，且这三个变量满足如下两个方程：

$$x = t - \sin t,$$
$$y = 1 - \cos t.$$

任意时刻 t，运动的这一点的位置为 (x, y)，我们用变量 l 来表示它的运动轨迹的长度。这样，我们的问题就成了长度 l 怎样取决于时间 t。与往常一样，我们的思路依然是写出 l 的微分方程。

设想过去了一段很短的时间，我们来看看变量 x、y 和 l 微小的变化。

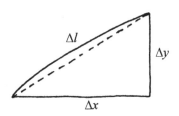

当这些变化值都很小时，Δl 实际上就是以 Δx 和 Δy 为直角边的直角三角形的斜边（古典的方法仍然在以这种方式发挥它的作用）。根据毕达哥拉斯定理，我们有如下的约等式成立：

$$(\Delta l)^2 \approx (\Delta x)^2 + (\Delta y)^2.$$

当时间间隔 Δt 接近于 0 时，我们就得到了一直期望的微分方程，

$$dl^2 = dx^2 + dy^2.$$

顺便提一下，通常人们都会用 dx^2 来代替比较复杂的 $(dx)^2$，这里我们也采用了这一做法。然而，需要注意的是，我们不能够将 dx^2 和 $d(x^2)$ 混淆了。当然，如果比较担心的话，我们总是可以使用括号来避免出现这种错误。

因此，我们发现了某种"微观"层面的毕达哥拉斯关系，即可以用水平和垂直方向的微分来表示弧长的微分 dl。我们也可以这样考虑，既然 dl 度量的是轨迹长度变化的速度，那么它肯定也是运动的点的速率，也就是速度 $(\dot{x}, \dot{y})$ 的长度。因此，我们有

$$\frac{dl}{dt} = \sqrt{(\frac{dx}{dt})^2 + (\frac{dy}{dt})^2},$$

这也是在说 $dl^2 = dx^2 + dy^2$。

这种毕达哥拉斯关系普遍存在着，我们可以将它应用于平面上任何弧长的计算，而无论这个弧是否是由运动形成的。

三维空间中的弧长又该如何度量呢？

将这一微分方程应用于摆线，我们有

$$dl^2 = dx^2 + dy^2$$
$$= (d(t-\sin t))^2 + (d(1-\cos t))^2$$
$$= (1-\cos t)^2 dt^2 + \sin^2 t dt^2,$$

因此，

$$dl = \sqrt{(1-\cos t)^2 + \sin^2 t} dt.$$

这就是我们最终得出的微分方程，为了计算出摆线的长度，我们需要对它进行求解。

表面来看，似乎求解这一微分方程的前景十分黯淡。我们到底怎样才能对这样一个复杂混乱的微分进行积分呢？让人遗憾的是，由于毕达哥拉斯关系很复杂（需要先平方，再相加，最后才求平方根），因此这样的弧长的积分通常都不能够用基本函数表示。

很幸运的是，摆线是一个例外。结果表明，$\sqrt{(1-\cos t)^2 + \sin^2 t}$ 这一表达式可以用很一种很简单、优美的方式表示出来。设想有下图所示的这样一个圆弧，其长度为 t。

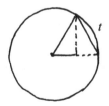

这样，我们就可以将 $1-\cos t$ 和 $\sin t$ 看成是 $\sqrt{(1-\cos t)^2 + \sin^2 t}$ 为斜边的直角三角形的两条直角边。换句话说，我们关注的是对应弧长为 t 的弦的长度。（前面度量摆线运动的速度时，我们也看到了这种情况。）下面我们来看一个很巧妙的方法，旋转这个圆直到我们关注的这条弦变成垂直的。

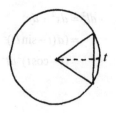

现在我们可以看到，这条弦是由上下两个半弦组成，每个半弦都刚好是这条弧的一半的正弦。也就是说，这条弦的长度也可以用 $2\sin\frac{t}{2}$ 来表示。就这样，只是改变了一下视角（难道不是每一个伟大的想法都可以归结为视角的改变吗？），我们就得出了下面这个漂亮的、令人惊讶的结论：

$$\sqrt{(1-\cos t)^2+\sin^2 t}=2\sin\frac{t}{2}.$$

正弦和余弦之间存在很多这样的关系等式，所有这些等式最终都可以归因为匀速圆周运动的对称和简洁。

请根据上面的结论推导出下面这两个半角公式：

$$\sin^2\frac{t}{2}=\frac{1}{2}(1-\cos t),$$
$$\cos^2\frac{t}{2}=\frac{1}{2}(1+\cos t).$$

现在，我们可以将摆线弧长的微分方程重新表示为

$$dl=2\sin\frac{t}{2}dt.$$

现在，方程看起来像那么回事了！我们能够对它进行积分的可能也大了不少。事实上，$l=-\cos\frac{t}{2}$ 就是一个很合理的猜测。由于

$$d\left(-\cos\frac{t}{2}\right) = \sin\frac{t}{2}d\left(\frac{t}{2}\right) = \frac{1}{2}\sin\frac{t}{2}dt,$$

这样一来，我们就距上面的微分方程只差一个系数4了，因此我们有

$$\int 2\sin\frac{t}{2}dt = -4\cos\frac{t}{2}.$$

当然，等式右边还差一个积分常数。由于初始值为 $t=l=0$，因此事实上一定有下式成立：

$$l = 4 - 4\cos\frac{t}{2}.$$

终于求出了答案！我们成功地运用微分运算（外加一个关于圆的特别聪明的想法）计算出了作为变量的摆线弧的长度。特别地，摆线一拱（即从 $t=0$ 到 $t=2\pi$）的长度为

$$4 - 4\cos\pi = 8.$$

这真让人难以置信！摆线一拱的长度正好等于形成摆线的圆的直径的四倍。恐怕很难再找出更漂亮的度量了吧，不过也不能说完全没有，摆线一拱的面积可能算是一个。

证明摆线一拱所围的面积正好等于滚动的圆的面积的三倍。

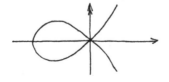

求上图所示的有结点的三次曲线 $3y^2 = x^3 + x^2$ 中闭合回路的长度以及它所围的面积。

证明如上图所示的螺线旋转一周所经过的范围的面积正好等于
相应的外围圆的面积的三分之一。

25

这里，我恳请你允许我再多说几句，我想就这两种方法作一些理论
上的评论。这里更大的想法是，研究大小和形状的几何学可以纳入到对
变量的研究（也被称为**数学分析**）中。两个看似完全不同的数学结构却
被证明为是相同的，这样的事情总是很有意思的。正如前面我所说的那
样，数学家真正关注的对象是模式。如果你希望以几何的观点去看待一
个这样的模式，你可能会获得一种理解；相反，如果你认为它就是一组
抽象的变量，你则可能会获得另外一种理解。当然，这两种观点在情感
上肯定会很不同。

令人好奇的是，为什么历史选择了它所走的那条路呢？又为什么现
代的方法会更成功呢？这肯定不是有没有数学天才出现的问题，要论聪
明才智，古典时代的希腊几何学家丝毫不比他们十七世纪的同行要差（即
使不超过他们的话）。有很多原因可以解释为什么希腊人选择了直接的几
何推理。审美情趣，当然可以说是其中一个重要的原因。事实上，他们
将这种审美情趣发挥到了一个极端，以至于我们可以认为它已经成为了
一种偏见：数字本身被认为是几何的（作为树枝的长度），数的运算则被

认为是几何变换（如乘法被当作等比例缩放）。这严重地阻碍了他们的理解力。

现代的方法则几乎完全相反，曲线与其他几何对象都用数值模式来表示，同时度量的问题也基本上变成了对微分方程的研究。如果这两种观点是等价的，那么为什么其中的一种要更强大、更方便呢？

毫无疑问，作为视觉更发达的动物，我们更喜欢一幅图而不是一串让人看不懂的炼金术符号。举例来说，我就想和我所研究的问题有本能的、触觉层面的接触。当我能够设想自己的手在某个表面上运动或者某个物体的一部分在摆动，并在脑海中勾勒出所发生的场景时，我觉得这对我理解相关的问题很有帮助。不过同时我也知道，到了紧要关头，真相还是在细节中，而细节则在数值模式中。

当然，任何数学分析论证经过精心的安排都可以转化为纯粹的几何论证。事实上，很多十七世纪的数学家也正是这样做的。这说明即使是在十七世纪，人们还是更偏爱几何推理方法。因此，经常出现的是那些扭曲的、人为的几何解释，而不是十分简单明了的分析论证。

我想我真正在讨论的是现代主义。同样的问题，即抽象以及由此造成的与非专业人员的疏远，也存在于现代艺术、音乐和文学中。这里，抽象是指对模式本身的研究。我甚至可以大胆地说，数学家在抽象这个方向上走得最远，因为并没有什么可以阻止数学家这样做。因为没有了现实世界的限制，所以我们能够在简单美这个方向上走得更远。从这个意义上来说，数学才是唯一真正的抽象艺术。

对我来说，关于这一问题的心理事实是，无论几何的观点在审美和情感上会多么令人满足，分析的方法最终说来还是更简洁、更强大。在前面的章节中，我们已经看到了很多这方面的例子，即相比较而言，分析方法的表述能力更强，同时作为更通用的语言，它还有揭示隐秘联系的优势，此外扩展推广时也更容易。比如，古典的几何学家（据我所知）就从来没能想象到四维空间的存在，而从分析的角度来看，四维空间作为三维空间自然和明显的扩展，只需要多增加一个变量而已。

不过，这并不是说我提倡放弃几何的观点。显然，只有综合不同的方法（也就是说，尽自己最大的可能熟练掌握尽可能多的方法，并使各种方法相互渗透），我们才能够享受到数学最大的乐趣。当视觉形象更有帮助时，我们就从几何角度去考虑（通常是为了获得大的思路或者直观的联系）；当分析的方法更合适时，我们则采用分析的方法（通常是为了进行精确的度量）。

或许，我们可以这样总结：数学中存在着很多漂亮的模式，其中有一些很容易看到、感受到，比如三角形的面积是等底等高的矩形面积的一半；而另外一些则并不能通过视觉的想象立即得到，比如 $d(x^3) = 3x^2 dx$。无论怎样，我努力使自己对任意形式的美都持开放的态度。对我来说，这就是身为一个数学家所要做的。

26

接下来，我想告诉你微分学的另外一种非常漂亮、强大的应用，从实用的角度来说也可能是最有用的应用。

设想存在下图所示的这种场景，有一个圆锥体位于球体中。

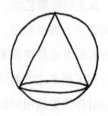

如果我知道这个圆锥体的大小，比如说它的高度与球体直径的比值，那么求出它的体积就是一件相当简单的事情了。但如果我想要的是这样的圆锥体中体积最大的那个呢？这样一来，我就不知道它的具体大小了，我只知道我想要圆锥体的体积尽可能大。这里，情况不再是形状是固定的而我们想要度量出它的大小，相反，形状本身就是一个变量。

事实上，我们能够想象到这个圆锥体所有可能的形状，从位于球体顶端的很小的扁形圆锥体，一直到通过球心的很尖的圆锥体。

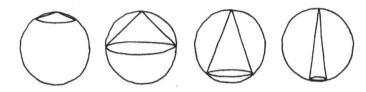

显然，最优的圆锥体（从体积最大这个意思上说）就在这些圆锥体中间。直观上，我感觉这个圆锥体的底面应该略低于球体的大圆，但具体的位置则显然不能够确定。

这种类型的问题由来已久，通常我们称之为最值问题，它指的是我们试图最大化（或者最小化）某个特定的量。例如，古巴比伦人很早就知道，在所有周长等于给定长度的矩形中，正方形的面积最大。这里有一个相关的问题可以供我们思考。

在所有三边之和等于特定长度的矩形中（就好比靠着一面墙去建篱笆），什么样的矩形包围的面积最大？

抽象地说，最值问题关注的是一个变量（这里指大小）怎样依赖于另外一个变量（这里指形状）。具体到球体中有一个圆锥体这个例子，我们可以设想这一依赖关系的图像如下图所示：

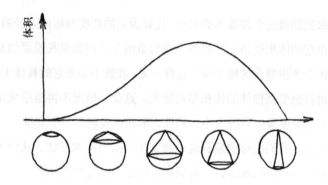

从图中我们可以看出：随着圆锥体高度的增加，它的体积也一直在增加，直到某个拐点圆锥体变得又高又细，它的体积开始变小，直到减小为 0（图中包括了左右两种极端情况，最左边是只有一个点的"圆锥体"，此时其体积为 0；而最右边的圆锥体则几乎是一条线，此时其体积也为 0）。无论如何，我们想要的圆锥体就位于中间的某个位置——如果我的直觉正确的话，它应该位于中间偏右一点。

为了能够更准确地描述这一点的位置，让我们为这个示例构造一个"变量和关系"的模型吧。（一直以来，这个部分都是最难的。）我们可以选择球的半径作为单位（至少它的值是不变的！），并分别用 h 和 r 来表示圆锥体的高和底面半径。将球经球心垂直地切开，我们可以看到如下图所示的横截面：

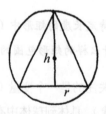

这里对圆锥体的几何限制是，它恰好能够放入球体中，这说明 h 和 r 必然以某种方式相关联。事实上，我们可以看出从球心到圆锥体底面的

距离正好等于 $h-1$ 。（这是因为我暗中假定圆锥体的底面位于大圆的下方，否则的话这段距离就应该是 $1-h$ 。）

另外，从球心到圆锥体底面边缘的距离则是 1，因此根据毕达哥拉斯定理，我们有

$$(h-1)^2 + r^2 = 1.$$

注意到即使圆锥体的底面位于大圆之上，（由于平方的缘故）我们还是会得到同样的方程。能够发生这样的情况，我很高兴。因此，无论是哪一种情况，我们都有

$$r^2 = 1-(h-1)^2 = 2h - h^2.$$

这一等式告诉了我们圆锥体的底面半径是如何随着圆锥体高度的变化而变化的。将这一等式代入圆锥体的体积公式，我们有

$$V = \frac{1}{3}\pi r^2 h = \frac{\pi}{3}(2h^2 - h^3).$$

现在，我们能够画出如下图这样更准确的图了。

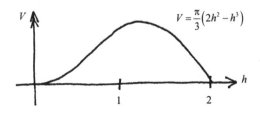

关于圆锥体的问题就这样变成了抽象的数值问题：h 取什么值时，V 能够最大？

我们可以暂时地将这个图设想为某个运动的时空图（也就是说，h 表示的是时间，而 V 则表示的是球的高度）。这样一来，我们问的就是，在什么时间点球的高度会达到最大值。答案当然是，当球的速率为 0 时。或者我们也可以说，当这一运动曲线的切线为水平方向时。

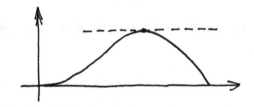

这里我表达的是，当一个变量达到极值时（无论是极大值还是极小值），此时它变化的速度必然等于 0。如果不等于 0 的话，它必然是正在向上升或者继续往下降。因此，当一个变量取极值时，它的微分必然等于 0，这无疑是数学分析史上最简单、最强大的发现之一。我们来看一看，这一结论对于我们的圆锥体来说意味着什么。

在 h 的取值使 V 最大化的那个时刻（即通常所说的驻点），我们必然有 $dV = 0$。同时，根据前面的等式我们有

$$dV = \frac{\pi}{3} d(2h^2 - h^3)$$
$$= \frac{\pi}{3}(4h - 3h^2)dh,$$

从中可以看出：当 $4h = 3h^2$ 时，dV 等于 0。（需要注意的是，我们并不需要担心微分 dh 会等于 0，因为此时圆锥体的底面半径和高度仍然在变化。）这样，我们就可以得出 $h = \frac{4}{3}$ 这一结论。因此，当圆锥体的底面位

于大圆下方三分之一半径的位置时，它的体积最大。

怎么样，很不错吧！因此，用数学分析的方法求解极值问题，就是要找出那些微分等于 0 的时间点。事实上，这里还有下面这样几个技术要点。首先需要说明的是，并不是只有一个这样的时间点。例如，我们可能会遇到像下图这样的依赖关系：

这幅图中所标记出的每一个点处的切线都是水平的。因此，微分等于 0 并不仅仅出现在最值点，即通常所称的全局最大值与全局最小值点；它也会出现在局部极值点，即变量立即要改变运动方向的那个点。

让我们暂时先回到前面所讨论的圆锥体问题，在更加宽阔的视角下来看待这个问题。

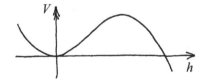

实际上，关系等式 $V = \frac{\pi}{3}(2h^2 - h^3)$ 是完全抽象的。当然，我们很清楚正在讨论的是圆锥体的体积和高度，但 V 和 h 并不知道这一点（也不

用关心这一点）。特别地，变量的有些取值与任何几何情形都对应不上（如 $h = -1$ 时，$V = \pi$）。甚至可能还有一些这样的时刻，虽然此时 $dV = 0$，但却与原来的问题完全无关，它们仅仅是抽象的视角所引入的假象（这里很有可能又有一个很好的现代艺术的类比）。

在这个例子中，我们可以看到事实上除了 $h = \frac{4}{3}$ 这个点之外，还有另外一个点满足 $dV = 0$，那就是 $h = 0$ 这个点。之所以会有这种情况发生，那是因为 V 与 h 的关系在这一点有一个 "弯曲"，也就是说，当 h 的取值由正变为负时，V 的取值会减小为 0 然后再反弹。当然，从几何的角度来看，这并没有什么意义，因为高度为负值本身就没有意义。难道不是这样，它们有意义？

你能够理解其高度为负值的圆锥体的几何意义吗？如果体积为负值，又该如何理解？

令 $dV = 0$，我们得到的方程是 $4h = 3h^2$。值得注意的是，$h = 0$ 也是一个解，不过却是被我们愉快地忽略掉的解。这个最值点（相应的圆锥体只含一个点）同时也是体积的一个局部极小值，但另外一个最值点却并不是（此时 $h = 2$，相应的圆锥体则是一条线段），这很有意思。尽管如此，线段形圆锥体所对应的点却仍然是原始问题的最小值点。这一让人讨厌的不对称性是由下面这个事实造成的，即只有当 $0 \leqslant h \leqslant 2$ 时，体积的取值才有几何意义，而 $h = 0$ 与 $h = 2$ 则碰巧是这个范围内的最小值点。换句话说，除了微分等于 0 的极值外，边界值也很有可能是最大值或最小值。

下面来看一个有着明显的实际应用的示例，我们试着去求罐头盒的最优形状。这里所说的 "最优"，指的是当表面积给定时能够容纳最多食物的罐头盒；由于表面积相同，所以这些罐头盒所使用的金属的量是固定的。当然，这里我真正讨论的既不是罐头，也不是金属，而是圆柱体。

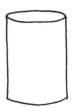

我们都知道，圆柱体的形状是由它的底面半径 r 和高度 h 决定的，它的体积和表面积可以通过下面这两个公式得出：

$$V = \pi r^2 h,$$
$$S = 2\pi rh + 2\pi r^2.$$

（当然，这里我将罐头盒顶部和底部的盖子也包括在了表面积中。）从最扁平的情况（此时 $h=0$）到最细长的情况（此时 $r=0$），都在罐头盒有意义的变化范围之内。与此同时，其表面积却一直是固定的，这说明 r 与 h 是有关联的。如果愿意，我甚至可以像下面这样来表示 h：

$$h = \frac{S - 2\pi r^2}{2\pi r},$$

并用单一的变量 r 来表示所有的量。不过即便能够这样，我也不愿意这样做。相反，我愿意向你展示另外一种我认为更简洁的方法。

这一方法的思路是这样的。既然表面积 S 是常量，因此在任意时刻，我们必然都有 $dS=0$。同时，由于我们想求的是体积最大的时刻，因此在那一瞬间我们必然也有 $dV=0$。特别地，在我们关注的那个时刻，必然同时有 $dV=0$ 与 $dS=0$ 成立。这样，我们就得到了下面这两个关于 r 和 h 的微分方程：

$$d(\pi r^2 h) = 0,$$
$$d(2\pi rh + 2\pi r^2) = 0.$$

根据微分运算法则将这两个方程展开（同时除以常量），我们就得出了下面这个微分方程组：

$$2rh \, dr + r^2 dh = 0,$$
$$(2r + h)dr + r \, dh = 0.$$

在圆柱体经过驻点的那个瞬间，上述的方程组必然成立。（需要注意的是，dr 和 dh 本身都不会为 0，因为在这个瞬间罐头盒的底面半径仍然在缩小，而其高度则在增加。）

将第二个方程乘以 r 后减去第一个方程，（再除以 dr 之后）我们就得到了下式：

$$(2r^2 + rh) - 2rh = 0.$$

这说明，当 $2r^2 = rh$ 时圆柱体是最优的。这个方程有两个解，即 $r = 0$ 和 $2r = h$。其中第一个解显然是边界位置的假象，第二个解才是我们要求的解。因此，高度等于底面直径的罐头盒才是形状最优的罐头盒。

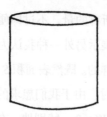

换句话说，它是正方形以上下底边的中线为轴所形成的旋转体。这个形状多么漂亮啊！虽然这可能并非完全出乎我们的意料，但它仍然让我们感到很意外。这一技术的经济实用总是会让我感到惊喜。

如果我们想要的是开口的罐头盒，情况会怎样？

请计算出给定圆锥体所能够容纳的圆柱体的最大体积。如果将圆锥体换为球体，情况又会怎样？

在所有具有固定表面积的圆锥体中，满足什么条件的圆锥体体积最大？

27

要比较古典的观点与现代的观点，圆锥曲线的度量可以说是最好的示例之一。历史上，作为（除直线以外的）最简单的曲线，圆锥曲线一直都是几何学家天然的试验案例。从古典的观点来看，圆锥曲线顾名思义就是圆锥体的横截线。取决于截平面的倾斜程度，圆锥曲线可以很自然地分为以下三类：椭圆、抛物线和双曲线。所有古典的结论（如焦点和切线的性质）都是根据这样的描述得出的。接着我们又有投影的观点，即将三种圆锥曲线看成是圆的不同投影。也许，其中最简单的要数代数的观点，它揭示了圆锥曲线就是那些由如下形式的二次方程（即最高次为 2）所描述的（没有退化的）曲线：

$$Ax^2 + Bxy + Cy^2 + Dx + Ey = F.$$

这里的重点是，无论我们想在哪种结构框架下操作，圆锥曲线似乎都是很重要的对象中最简单的。因此，我们产生度量圆锥曲线的想法，可以说是很自然的事情。

古典的几何学家当然也不例外。事实上，阿波罗尼奥斯的《圆锥曲线论》就是所有古希腊数学著作中最重要、最有影响的著作之一。这部八卷本的著作描述了那个时代所知道的关于圆锥曲线及其有趣性质的所有知识，特别令人感兴趣的是圆锥曲线的切线的性质。比如，阿波罗尼奥斯就证明了，抛物线上任意一点到顶点的垂直距离就与这一点处的切线与对称轴的交点到顶点的距离相等。

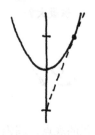

你能够用微分学证明这个结论吗？

我们可以认为这样的结论本质上是关于角的度量的。不过就长度和面积方面来看，古典几何学家的成就则要有限得多。虽然对于椭圆或者抛物线所围区域的面积，穷竭法可以工作得很好；但对于双曲线，穷竭法却惨遭失败。同时，圆锥曲线的长度处理起来也十分棘手（特别令人烦恼的是椭圆的周长）。

古典穷竭法的问题是，它需要我们有特别聪明的头脑。有无穷多的方法可以将某个几何对象切分成很小的部分，然后再用这些部分之和去近似我们想要度量的量；但要想知道这些近似的最终取值，我们必须要有非常巧妙的方案，古典的几何学家正是因为做不到而失败了。我们下面的分析不仅要证明古典的几何学家为什么注定会失败，同时还会揭示一些很漂亮的似乎被他们忽视了的内在联系。

为了运用分析的方法，首先我们需要有圆锥曲线的坐标描述，而且越简单越好。通过对圆进行简单的拉伸，我们就能够得到椭圆。

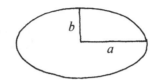

长半轴为 a、短半轴为 b 的椭圆，可以看成是由单位圆拉伸形成的，其中横轴方向的拉伸系数为 a，纵轴方向的拉伸系数为 b。既然单位圆可以用方程组 $x = \cos t$，$y = \sin t$ 来表示，通过上面的操作，我们可以看到为了形成椭圆，我们只需要将上述的方程组修改为：

$$x = a\cos t,$$
$$y = b\sin t.$$

或者，如果你不喜欢参数 t 到处出现，你也可以将椭圆的方程重新表示为

$$\left(\frac{x}{a}\right)^2 + \left(\frac{y}{b}\right)^2 = 1,$$

这是以另外一种方式描述圆 $x^2 + y^2 = 1$ 的拉伸。

为什么在椭圆的方程中，坐标变量会除以拉伸系数？对于一般的拉伸变换，这也同样适用吗？

既然我们已经有了椭圆的方程，那么它的长度和面积的积分看起来会是什么样子呢？当然，我们期望椭圆面积的积分能够比较简单（也就是可以明确地描述），因为它只是拉伸之后的圆。下面我们来看看情况到底怎么样。

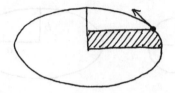

如上图所示，设想有一个点根据方程 $x = a\cos t$ ，$y = b\sin t$ 沿着椭圆运动，我们可以看到这一点所扫过的面积 A 满足微分方程 $dA = x\,dy$ ，因此我们关注的面积的积分为

$$\int xdy = \int ab\cos^2 tdt.$$

运用半角公式

$$\cos^2 t = \frac{1}{2}(1 + \cos 2t),$$

我们可以将上述积分求出，即

$$\frac{1}{2}ab\int (1 + \cos 2t)\,dt = \frac{1}{2}ab\left(t + \frac{1}{2}\sin 2t\right).$$

正如我们所希望的那样，面积 A 可以用初等函数来表示。特别地，当 $t = 2\pi$ 时我们就得到了椭圆的面积，即 πab 。因此，从某种意义上来说，古典几何学家之所以能够处理椭圆形截面的面积，其"原因"是 $\int \cos^2 tdt$ 是初等函数。

然而，椭圆的周长却完全是另外一回事，其相应的积分为

$$\int \sqrt{dx^2 + dy^2} = \int \sqrt{a^2\sin^2 t + b^2\cos^2 t}\,dt.$$

这种形式的积分（很自然地被称为椭圆积分）经常出现在数学分析中，现在我们已经知道通常并不能够用基本函数来表示它。当然，某些情况

下，比如说当 $a=b$ 时，我们有 $\int a\,dt = at$ ，此时对应的则是圆的弧长。不过，通常情况下，椭圆的周长则是 a 和 b 的非初等超越函数，因此我们不可能明确地描述它。由于单位圆的周长为 2π ，因此我们可能会希望椭圆的周长看起来是下面这个样子：

$$2\pi \times (\text{取决于 } a \text{ 和 } b \text{ 的简单的表达式}).$$

然而，现实并非我们所希望的那样，因此古希腊人有一段很艰难的历程也就不足为怪了。这并不是因为他们不够聪明，而是他们想表达的内容根本就不能够用他们想要使用的数学语言表达出来。

对于抛物线，我们一直用的是方程 $y=x^2$ 。如果你自己并没有推导出这个方程，下面我来告诉你为什么它表示的是一条抛物线。假定我们有一条抛物线，我们可以这样来选择坐标系的单位和方向，即使抛物线相对于 y 轴对称并使它的焦点为 $(0,1)$ 。

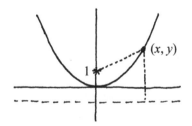

根据抛物线焦点的性质，我们知道抛物线上任意一点与焦点之间的距离等于这一点到准线的距离（在这个例子中，准线的方程为 $y=-1$ ）。因此，如果 (x,y) 是抛物线上的一点，那么我们必然有

$$y+1 = \sqrt{x^2+(y-1)^2}.$$

等式两边同时平方然后重新整理，我们可以得出

$$x^2 = (y+1)^2 - (y-1)^2 = 4y.$$

因此，我们所讨论的抛物线的方程为 $4y = x^2$。如果愿意，我们也可以对它缩放（使焦距等于原来的 $\frac{1}{4}$），这样我们就得到了我们一直使用的方程 $y = x^2$。由于所有的抛物线都是相似的，所以我们不妨用尽可能简单的方程。

前面我们已经处理过抛物线与坐标轴所围面积的积分，即

$$\int y\,dx = \int x^2\,dx = \frac{1}{3}x^3,$$

它不仅是初等函数，而且还是代数函数（也就是说不涉及三角函数），这就是阿基米德能够成功的原因。相较而言，抛物线弧长的积分（这里我更愿意用方程 $y = \frac{1}{2}x^2$ 来表示抛物线）则等于

$$\int \sqrt{dx^2 + dy^2} = \int \sqrt{1 + x^2}\,dx.$$

用任何方法去度量一段抛物线的长度都与计算这一积分等价，这就是我所指的通用语言的意思。虽然看起来可能很平常，但实际上这一积分相当重要。

在进一步讨论这一积分之前，我们来看一眼双曲线。同样地，既然所有的双曲线都可以通过拉伸等轴双曲线（也就是无穷远点处的两条切线相互垂直的双曲线）得到，我们不妨就以等轴双曲线的方程开始我们的讨论。如果选择双曲线的对称轴作为坐标轴的方向，我们就能够得到下图：

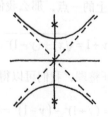

然后再根据双曲线焦点的性质（如果有必要的话也可以进行缩放），我们就能够得到这个双曲线的方程为

$$x^2 - y^2 = 1.$$

你能够推导出这个方程吗？

特别地，这说明所有的双曲线都能够用如下形式的方程描述：

$$\left(\frac{x}{a}\right)^2 - \left(\frac{y}{b}\right)^2 = 1.$$

注意到这个方程与椭圆的方程基本上相同，只是中间的正号变成了负号。当然，这与它们的焦点的性质不同有关。

另一方面，如果将双曲线在无穷远点处的两条切线选作坐标轴，我们就会看到如下图所示这样一种完全不同的等轴双曲线：

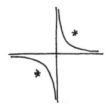

这样选定坐标轴的方向后，我们得到的双曲线的方程为 $xy = 1$，从某些方面来看这种形式的方程要更简单。当然，这两种形式必然是相关的。事实上，根据古巴比伦人的平方差公式，我们就可以将这两种形式联系起来：

$$x^2 - y^2 = (x + y)(x - y).$$

旋转后的坐标系与将原来坐标系中的 $x + y$ 和 $x - y$ 选择作为我们的新坐

标等价。

顺便说一句，这里我们也可以看出倒数关系 $y=1/x$ 的曲线恰好是一个等轴双曲线。

你能够推导出第二个等轴双曲线的方程为 $xy=1$ 吗？它的焦距是多少？

为了讨论起来更简单，这里我们将只关注等轴双曲线 $xy=1$。当然，还有很多其他的双曲线也需要我们度量，但在这个特殊的例子中，我们同样会遇到这一类问题所有的难点。对等轴双曲线 $xy=1$ 来说，相应的面积积分和长度积分分别为

$$\int y\,dx = \int \frac{dx}{x}$$

和

$$\int \sqrt{dx^2 + dy^2} = \int \sqrt{1 + \frac{1}{x^4}}\,dx.$$

再一次地，这里我们有两个看起来很简单但处理起来却很棘手的积分。结果表明，第二个积分（也就是双曲线弧长的积分）并不能够用初等函数表示，但却可以重写为（修正后的）椭圆积分的形式。因此，至少从抽象的意义来说，双曲线的弧长与椭圆的弧长是相关的。然而，真正令人惊讶的却是面积的积分。什么，难道我们不能够对 dx/x 进行积分吗？这实在太不像话了！难道我们真的要忍受这样的耻辱吗？

在处理这一令人不安的情况之前，让我们先回过头来看一看抛物线弧长的积分，即 $\int \sqrt{1+x^2}\,dx$。结果表明，它与双曲线面积的积分 $\int dx/x$ 有很紧密的联系。我之所以想给出这一联系的证明，则是出于下面这两个

原因：首先，一种圆锥曲线的长度居然与另一种圆锥曲线的面积有关，我想这既让人有些惊讶同时也很神奇；其次，我们可以把它当作一个很好的分析技术的示例，来展示符号变换的力量。

这里，我们关注的是积分

$$\int \sqrt{1+t^2}\, dt.$$

（这里我用符号 t 代替了 x，因为这样一来，我们前后所选择的符号就保持一致了。）

令 $\sqrt{1+t^2}$ 等于 s（这样 s 就成了一个新的变量，用来代替 $\sqrt{1+t^2}$ 这个复杂得多的表达式，后面我们将会看到这一技术的强大的威力），我们有

$$s^2 - t^2 = 1$$

成立，这正是等轴双曲线的方程。同时，我们所关注的积分也就变成了简单的 $\int s\, dt$，它正好是面积的积分。这样，通过将一个变量缩写为另外一个变量，我们就揭示出了这两个积分之间的联系。不过，我们还可以更进一步，令

$$u = s + t,$$
$$v = s - t,$$

我们就可以将方程 $s^2 - t^2 = 1$ 重新表示为简单的 $uv = 1$（这就是等轴双曲线旋转后方程的形式）。现在，将

$$s = \frac{1}{2}(u + v),$$
$$t = \frac{1}{2}(u - v)$$

代入积分 $\int s dt$，我们有

$$
\begin{aligned}
\int s dt &= \int \frac{1}{4}(u+v)d(u-v) \\
&= \frac{1}{4}\int u\,du - u\,dv + v\,du - v\,dv.
\end{aligned}
$$

同时，由于 $uv=1$，因此有 $u\,dv + v\,du = 0$ 成立，这样，我们上面的积分可以进一步等于

$$
\frac{1}{8}(u^2 - v^2) + \frac{1}{2}\int v du = \frac{1}{2}st + \frac{1}{2}\int \frac{du}{u}.
$$

因此，所有这些变换整理后的结果是

$$
\int \sqrt{1+t^2}\,dt = \frac{1}{2}t\sqrt{1+t^2} + \frac{1}{2}\int \frac{du}{u},
$$

其中 $u = t + \sqrt{1+t^2}$。这里我们可以看出，度量抛物线长度的障碍与度量双曲线面积的障碍完全相同，都是 $\int du/u$。

现在的问题是，它会是一个什么样的函数呢？是代数函数还是超越函数？它会涉及三角函数呢，还是它本身是一个新函数？又或者它是某个我们所熟悉的函数？

证明对于所有的 $m \geq 1$，我们有下式成立：$\int \dfrac{dx}{x^{m+1}} = \dfrac{-1}{mx^m}$。

如上图所示，证明正弦函数一个周期内的完整弧长等于短半轴为 1、长半轴为 $\sqrt{2}$ 的椭圆的周长。

$$\mathcal{28}$$

上一节中，试图度量圆锥曲线的企图使我们陷入了一个相当尴尬难堪的境地。毕竟，圆锥曲线是最简单的曲线，因此它们所对应的微分方程也理应有着优雅简单的外观；然而由于某种原因，我们似乎并不能够求解它们。特别地，现在我们知道：双曲线面积的积分和抛物线长度的积分最终都归结为同一个问题，即 $\int dx/x$ 到底是什么。

除了与圆锥曲线的度量内在相关之外，从分析的角度来看这一积分本身也很有意思。还有比 dx/x 更简单、更自然的微分吗？因此，它的积分也必然是简单的、自然的，难道不是吗？那么，问题到底出在哪呢？

为了使这一问题有所进展，有一种很明显的方法，那就是进行一系列非常聪明（同时也能很幸运）的猜测直到我们发现代数函数或者三角函数的某些巧妙组合的导数正好是倒数函数。但遗憾的是，这样的努力毫无希望可言。或许你已经猜到了，这一积分不仅简单自然，同时也代表了一种全新的超越函数。

因此，接下来我们并不会用分析的方法去求解双曲线与坐标轴所围面积的问题。相反，我想向你展示我们是怎样利用双曲线的几何形状来获得这一积分的信息的。几何与分析之间一直都存在着对话，我们可以把这一积分的求解过程当作其中一个很好的示例。

为了使讨论更明确，如下图所示，我们用 $A(w)$ 来表示当 x 在 1 到 w 这个区间内时，双曲线与坐标横轴之间所夹区域的面积。

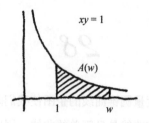

（当然，我更愿意两者所夹的区域能够从 $x=0$ 这一点开始，但由于倒数函数的取值在这一点无穷大，因此 $x=1$ 似乎是我们退而求其次的选择。）这样，$A(w)$ 就成了我们一直所寻找的函数，因为 $A(w)$ 满足 $dA = dw / w$。

一般来说，通常我们想要度量的是 a 和 b 这两个任意点之间的区域的面积。

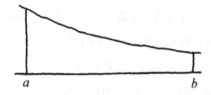

如果 a 和 b 都大于 1，那么我们可以将这一区域的面积视为 $A(b)$ 与 $A(a)$ 之差，即 $A(b) - A(a)$。（我们很快就会看到应该怎样处理位于 $x=1$ 左边区域的面积。）因此，掌握了函数 A 的性质，也就是能够准确地理解 $A(w)$ 到底是如何取决于 w 的，我们就能够完全解决双曲线面积的问题。反过来，任何关于双曲线面积的信息也能够告诉我们函数 $A(w)$ 的某些性质。

碰巧的是，倒数函数的曲线与坐标横轴所夹区域的面积的确有一个非常漂亮的性质，即标度不变性（scaling invariance）。为了说明这一性质，我们来看下面这两个双曲线与坐标横轴所夹的区域。

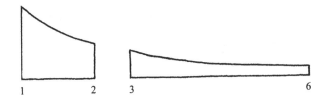

需要注意的是，第二个区域（从 3 到 6）的宽度是第一个区域（从 1 到 2）的三倍；同时，在任意一点，第二个区域的高度也是第一个区域的三分之一，因为我们处理的是倒数函数的曲线。更准确地说，第一个区域中每个垂直的长条都与第二个区域中三倍宽度、三分之一高度的长条相对应。如果愿意，我们可以认为第二个区域是通过拉伸第一个区域得到的，其中水平方向的拉伸系数为 3，垂直方向的拉伸系数为 1/3。这可以说得通吧？

这里的关键是，这两个区域的面积必然是相等的。我们知道，拉伸变换之后的面积等于之前的面积乘以拉伸系数，因此前面两个拉伸系数的作用相互抵消。当然，数字 3 本身并没有什么特殊之处。更一般的表述是，区间 a 到 b 之间的区域的面积与区间 ac 到 bc 之间的区域的面积是相等的。你明白为什么吗？

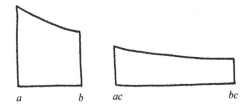

你能够通过标度不变性度量位于 $x = 1$ 左边区域的面积吗？

这说明某个区间内倒数函数曲线下方区域的面积只取决于这一区间两个端点取值的比例，而与两个端点本身的取值无关。特别地，对任意

两个数值 a 和 b，区间 1 到 a 之间的面积与区间 b 到 ab 之间的面积相等。

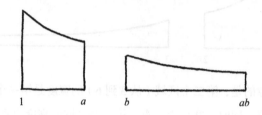

如果从分析的角度用面积函数 A 来表述，那就是 $A(ab) - A(b) = A(a) - A(1)$。由于 $A(1) = 0$，因此我们可以将这个结论重新表示为下面这种更简洁的形式：

$$A(ab) = A(a) + A(b).$$

这真漂亮！通过双曲线面积的标度不变性，我们知道了神秘函数 A 一个让人意想不到的性质：它将乘法转换成了加法。也就是说，如果我们认为 A 是一个将数值 w 转换为 $A(w)$ 的过程，那么这个结论所表达的意思就是：用 A 转换两个数的乘积，其结果等于用 A 分别转换这两个数再将转换所得的结果相加。（顺便说一句，如果我们选择了一个不同的面积函数，区间的起点并不是 $x = 1$ 这一点，那么这个结论是不成立的。因此，$x = 1$ 这一点绝对是正确的选择。）

前面我提到了，函数 $A(w)$ 被认为是超越函数；因此，实际上我们是计算不出 $A(2)$、$A(3)$ 或 $A(6)$ 的具体数值的。好在无论它们的值到底是多少，至少我们知道 $A(6)$ 与 $A(2) + A(3)$ 正好相等。这使我们想起三角函数的情形，尽管通常我们并不能够知道正弦和余弦函数的精确取值，但我们知道这两者之间有着很多美妙而有趣的关系（比如半角公式）。

目前，只有当 $w \geq 1$ 时，我们对 $A(w)$ 进行了定义。那么，我们应该怎样扩展 $A(w)$ 使它对 0 到 1 之间的 w 也有定义呢？在扩展 $A(w)$ 定义的同时，我们仍然保持 $A(ab) = A(a) + A(b)$ 这一性质成立吗？

你能够想出扩展 $A(w)$ 定义的方法吗？

既然现在我们涉及了将乘法转换为加法这一主题，我想顺便说几句历史方面的题外话。前面我们在讨论角度和长度时，我提到了十五世纪末（如 1492 年）远洋航行的到来如何产生了对精确的三角函数表的需求，也就是对比较精确的正弦和余弦近似值的需求。虽然人工制作这样的表很需要费一番苦功夫，然而一旦完成，我们就可以很方便地从表中查询正弦和余弦的值了。（我知道这听起来相当的实际和乏味，不过还是请原谅我。）

虽然这些航海表的出现使航海家们无须继续进行大量乏味的三角计算，然而大量的算术计算仍然是不可避免的。或许你可以从三角函数表中查出一些相当准确的四位或者五位的近似值，但你仍然需要处理它们，比如说对它们进行加减乘除。

现在你可能会想到，我们可以通过运算来做这一类事情：数字、位值、进位，等等。事实上，当进行加法和减法时，标准的计算过程十分高效。例如，如果我们有两个五位数，比如说 32768 和 48597，将这两个数相加是很容易的，其计算过程如下：

$$
\begin{array}{r}
32768 \\
48597 \\
\hline
81365
\end{array}
$$

这里的关键是，独立步骤（也就是可能产生进位的一位数的加法）的数目与数值的位数相等。因此，两个十位数的加法最多只需要进行 20 次一位数的相加，即使相加的数值本身特别的大。减法的情况与加法类似。

　　然而，乘法却是一个噩梦（除法就更不用说了！），问题在于它花费的时间太长：两个五位数的乘法需要进行 25 次一位数的相乘（这还不包括必要的加法和进位）。如果我们想要计算两个十位数的乘积，那么则需要进行 100 次以上独立的计算。让我们暂时把航海家和会计师所面临的实际问题放在一边，我发现即使从纯理论层面来考虑，出现一种运算要比另外一种运算费时耗力得多的情况也很有意思。不过不是因为出现这样的现象会令人惊讶，毕竟乘法就是重复的加法。

　　不管怎样，当苏格兰数学家约翰·纳皮尔于 1610 年发明了一个更好的系统时，所有从事算术计算的人都大大地松了一口气。

　　纳皮尔的想法是这样的。首先，我们注意到数与 10 相乘时非常简单，如 $367 \times 10 = 3670$。这并不是因为数字 10 有什么特殊的性质，而是因为我们选择了 10 作为基数。也就是说，当我们写下像 367 这样的数时，我们是在以 10 为基数来表示这个量值（即三个 100、六个 10 以及七个 1），因此当数字相同时，数字串中的每一位都等于下一位的十倍。这样，乘以 10 就等于简单地使每一位数向左移一位，所得的数就是原来数的十倍。当然，我们也可以选择不同的基数，比如说 7，这样乘以 7 就相当于使每一位数向左移一位。（基数小的好处是，我们可以减少一些记忆：由于只有六个非 0 的数字，因此乘法表要小不少。但这样做也不好的地方，那就是表示同样一个数，基数小时数的位数会变多。）选择 10 作为基数在数学上并不会带来什么特殊的好处，它只是一个文化的选择，其原因则是我们刚好有十个手指。当然啦，一旦这样的"十进制"系统得到了普遍的应用，乘以 10 也就会变得特别的方便。

　　特别地，那些是 10 的幂的数，比如说 100 或者 10 000，相乘起来也非常简单：我们只需要数一下一共需要移多少位。既然 100 等于 1 左移两位，而 10 000 等于 1 左移四位，因此它们的乘积就是 1 000 000（也就是 1 左移六位)。这里关键的是，我们观察到 10 的幂的乘法本质上是加法。也就是说，像这样的两个数相乘，我们只需要将所移的位数相加，即 $10^m \cdot 10^n = 10^{m+n}$。

当然，这一结论也适用于其他任何数值，而不仅仅是 10。因此，对于任意的数，我们总有下式成立：

$$a^m \cdot a^n = a^{m+n},$$

因为这正是重复相乘的含义。顺便说一句，当我们写类似于 2^5 这样的数时，重复相乘的数值 2 被称为**底数**，而重复的次数 5 则被称为**指数**（exponent，拉丁语 "展出" 的意思）。这个数本身则被称为 "2 的五次幂" 或者 "2 的五次方"。

这一模式是如此简单漂亮，我们通常也会将它扩展到指数为负数以及为分数时。也就是说，对于 $2^{-3/8}$ 这样的表示，无论最终我们选择用它来表示什么，只要我们坚持 $2^{m+n} = 2^m \cdot 2^n$ 这一模式保持不变，我们就能够搞清楚它的意思。这是数学中的一个重大主题，即将思想和模式扩展到新的领域。数学模式就像是水晶，它们保持形状不变，并且会随着自身的生长超出原来的范围。前面我们将正弦和余弦的定义扩展到任意的角就是一个例子，射影空间则是另外一个例子。下面，我们也要对重复相乘进行相应的扩展。

我们不妨从 2 的幂开始，写出如下的头几项后，我们就会发现一个简单的模式：

$$2^1 = 2, 2^2 = 4, 2^3 = 8, 2^4 = 16, \cdots$$

这个规律是：指数每增加 1，幂所表示的值就会变为原来的两倍。当然，这一点是显而易见的。但它同时也意味着，指数每减少 1，幂所表示的值就变为原来的一半。这样，我们就可以对 2^n 的含义进行扩展了。首先，它表明 2^0 应该等于 1。这里有意思的是，2^n 原来的含义即 "n 个 2 相乘"，已经没有任何意义了。难道我们真的要说零个 2 相乘等于 1 吗？我想，如果我们真想这样也未尝不可，但这里我们真正要表达的是，2^n 的含义已经由 "n 个 2 相乘" 变成 "为了保持上述漂亮的模式它应该是什么意思"。所有的数学含义都是这样得到的，这样的表述其实并不夸张。

继续这一模式，我们发现：

$$2^{-1} = \frac{1}{2},\ 2^{-2} = \frac{1}{4},\ 2^{-3} = \frac{1}{8},\ 2^{-4} = \frac{1}{16}, \cdots$$

其他依此类推。通常，用 a^{-n} 来表示 $1/a^n$，因此我们有 $3^{-2} = \frac{1}{9}$，$\left(\frac{2}{3}\right)^{-3} = \frac{27}{8}$。（特别地，$a^{-1}$ 则是 $1/a$ 的一种很有趣的写法。）

> 证明对于所有的整数 m 和 n，都有 $a^{m-n} = a^m / a^n$ 成立。
>
> 证明对于所有的整数 m，包括正数、负数和零，都有
> $$d(x^m) = mx^{m-1}dx\ \text{成立}。$$

让我们更进一步。有什么好的方法可以赋予 $2^{1/2}$ 意义吗？如果上述的规律在这个未知的领域同样成立的话，我们有

$$2^{1/2} \cdot 2^{1/2} = 2^1 = 2.$$

这就表明无论 $2^{1/2}$ 的值到底是多少，当它与自己相乘时我们总会得到 2，因此 $2^{1/2}$ 必然等于 $\sqrt{2}$。类似地，$10^{1/2} = \sqrt{10}$，更一般的情形则是 $a^{1/2} = \sqrt{a}$。

事实上，这里我们还需要谨慎一些，因为 $\sqrt{a}$ 有一些模棱两可。毕竟，如果 a 是正数，a 会存在两个平方根，那么我们想要 $a^{1/2}$ 表示其中哪一个呢？此外，如果 a 是负数，我们则会遇到更大的问题。到目前为止，

负数的平方根还没有定义，我们又要怎样处理 $(-2)^{1/2}$ 这样的数呢？

一种解决方法是，我们将底数限制为正数。也就是说，只有当 a 为正数时，我们才赋予 $a^{1/2}$ 意义。另一种可能则是扩张我们的数系，使它也包含 $\sqrt{-2}$ 这样的新的数值。事实上，我们可以这样做，而且是应该这样做！但遗憾的是，即使这样，我们仍然没有解决模棱两可这一问题，我们仍然需要从 a 的两个平方根中选出一个作为 $a^{1/2}$ 所表示的值（如果我们希望它有意义的话）。那么，选择哪一个呢？当 a 为正数时，人们通常会选择正的平方根。因此，$4^{1/2} = 2$，而不是 -2。虽然这样做不免有些武断，但我们至少使上述漂亮的模式保持了前后一致。

就目前来说，我们做出了如下的约定：幂的底数总是正数，而且当同一个幂可以表示正负两个数时，我们总是会选择正数。因此，我们有：仅当 a 为正数时，$a^{1/2}$ 才有意义，而且它表示的是 a 的（唯一的）正的平方根。

当然，你可能并不想做任何选择，并对我们的整个规划心生排斥。你可能也看不出这样写会有什么好处。不过，我喜欢这样，因为它表明模式是前后一致的，而且我感觉这也是模式本身的要求——摆脱加给它的束缚。下面，我们继续前面的讨论。

我们要怎样定义 $a^{3/4}$ 这样的数呢？无论它的值是多少，我们知道，它的四次方（也就是四个 $a^{3/4}$ 相乘）必然等于 a^3。你知道为什么吗？这说明 $a^{3/4}$ 必然等于 a 的立方的四次方根，也就是 $\sqrt[4]{a^3}$。现在，我们知道了一般的模式：$a^{m/n}$ 必然是 a^m 的 n 次方根（当然，根据我们前面的约定，它是正的 n 次方根）。

证明对于任意分数 m/n，我们都有 $a^{m/n} = \sqrt[n]{a^m}$ 成立。另外，$\sqrt[n]{a^m}$ 等于 $(\sqrt[n]{a})^m$ 吗？

这就是模式的力量，作为数学家，我们乐于接受这样的结果，因为与其他的东西相比，漂亮简单的模式对我们来说更重要，即使是我们自己的意愿与直觉。另外，对于 $2^{-3/8}$ 所表示的意义，我们并不存在什么先验的想法。这里的关键是，如果选择用它来表示"2 的立方的八次方根的倒数"，前述的模式就能够继续成立。

> 证明对于任意的整数 m 和 n，我们都有 $(a^m)^n = a^{mn}$ 成立。如果
> m 和 n 为分数，这一结论仍然成立吗？
> 证明对于任意的分数 m，我们都有 $d(x^m) = mx^{m-1}dx$ 成立。

现在，对于所有的有理数 b，我们知道了 a^b 的含义。那么，如果指数 b 是无理数呢？我们能够搞清楚像 $2^{\sqrt{2}}$ 或者 10^{π} 这样的数的意义吗？

下面，我们来做一些数学家经常做的事情，即我们假设结论是成立的，这里就是假设我们搞清楚了这些数的意义，我们来看一看会发生什么。（这种理论方法有着悠久的历史，古希腊人称之为分析，与综合相对，它指的是依据基本的原理去建立知识的体系。）总之，假定对于任意的指数 b，我们都知道了表达式 a^b 的意义。当然，这里我们同样认为前面的模式保持不变（不然的话，我们也可以规定 2^{π} 等于 37，不过这样做就没有什么意义了）。因此，我们假定 a^b 不仅有意义，而且同时遵循下面的模式：

$$a^b \cdot a^c = a^{b+c}.$$

特别地，无论 $3^{\sqrt{2}}$ 和 3^{π} 的值是多少（它们极有可能是超越数），我们都认为 $3^{\sqrt{2}+\pi}$ 是两者的乘积。（这里我们并没有认为什么一定会成立，我们只是希望它能够成立。）

下面就是纳皮尔的想法。假定我们有一个值，比如说 32768，显然，

这个值介于 10^4 与 10^5 之间。纳皮尔认识到，在 4 和 5 之间，必然存在某一个值 p，使得 $32768 = 10^p$ 成立。也就是说，任何一个数都是 10 的幂。既然 10 的幂相乘很简单，而任何数又都可以表示成 10 的幂，这就意味着任何数相乘都会很简单。当然，这里的难点在于怎样计算出给定的数是 10 的多少次幂。因此，这里我们有下面这两个问题：其一，难道任何数都真的能够表示成 10 的幂？其二，我们到底要怎样才能够计算出这个指数呢？事实上，这是两个相当重要的问题。

另一方面，现实中我们需要的只是近似值，这样微妙的数学问题就消失了。我们并不需要知道对于无理数 b 来说，a^b 是否有意义，因为每一个无理数都可以近似地看成是分数。例如，假如我想将 37 这样的数表示成 10 的幂，我只需要找到这样的一个分数 m/n 使得 $10^{m/n} \approx 37$。换句话说，10^m 应该约等于 37^n。下面，我们来看几个与 10 的幂比较接近的 37 的幂：

$$37^2 = 1369 \approx 10^3,$$
$$37^7 = 94931877133 \approx 10^{11}.$$

因此，$3/2 = 1.5$ 是一个比较粗略的近似，而 $11/7 \approx 1.57$ 则是一个相对精确的近似。关键是，对于船的航行或者其他类似的平常的目的，我们并不需要指数特别精确。如果我们比较注重指数的精确性，我们甚至可以得到 1.5682 这样相当精确的近似值。当然，如果我们希望每一个要用到的数都能够有这样精确的近似值的话，这个工作量将会相当大。不过，就像三角函数表，这样的工作只需要做一次，而这正是纳皮尔着手做的事情。

对于每一个数 N，我们都试图找到一个相应的数 p（至少是近似地）使得 $N = 10^p$，纳皮尔称 p 为 N 的**对数**（logarithm，由希腊语 logos 和

arithmos 合成，意思是"估算的方法"）。因此，37 的以 10 为底数的对数大约是 1.5682。我们用 $L(N)$ 来表示 N 的对数，这样纳皮尔所制作的表的局部看起来就会是下面这个样子：

N	$L(N)$
35	1.5441
36	1.5563
37	1.5682
38	1.5798
39	1.5911

下面到了关键的一步，假定我们想乘以两个数，比如说就是前面我们所提到的那两个数：32768 和 48597。通常来说，这将是一个烦人的、有很多步骤的计算过程。不过，利用纳皮尔"令人钦佩的对数表"，我们可以将这两个数（再一次近似地）表示成 10 的幂，即

$$32768 \approx 10^{4.5154},$$
$$48597 \approx 10^{4.6866},$$

而由于 10 的幂相乘仅仅需要将指数相加，因此我们有：

$$32768 \times 48597 \approx 10^{9.2020}.$$

查阅对数表（以相反的方式查询），我们发现其对数值与 9.2020 最接近的整数是 1592208727，这说明这两个数真正的乘积应该与这个数很接近。事实上，$32768 \times 48597 = 1592426496$，因此我们的估值可以精确到第四位小数。换句话说，我们可以精确到万分之一。关键是，这里我们一共只是查了三次对数表外加做了一次加法而已。不难看出，对数表的确能够节省大量的时间。

如果我们想乘以三个或者更多的数，又该怎么办？

心存疑虑的读者可能会觉得，像这样的表能够包含1592208727这样大的数值似乎不太可能，他们是对的——对数表的确不会包含这样大的数。在实际操作中，我们只需要有1到10之间的数值的对数表，其他的数值则可以通过移位得到。例如，假如我想知道$L(32768)$，实际上我只需要查出$L(3.2768) = 0.5154$，然后再将这个值加上4。这是因为乘以10就等于指数加上1；这就是对数。类似地，要查9.2020的"反对数"，我会先在对数那一列中找0.2020，然后发现它所对应的数为1.5922（假设对数表精确到小数点后第四位，这是非常标准的对数表）。然后用这个数乘以10^9，我就得到了最终的答案1592200000，这几乎与前面一样精确。

当然，由于高速电子计算器的出现，实际上今天人们已经不再用对数进行算术计算了。事实上，现今几乎所有的计算都是由机器完成的（正如莱布尼茨所预测的那样）。这里，我之所以会提起对数，并不是因为它在计算方面的功用（这一功用如今只是历史的一个注脚）而是为了用一个很稀奇的例子来说明数学中一个出人意料的联系，即双曲线的面积（dx/x的积分）原来与指数（对数）的性质有关。为加快运算速度而发明的实用算术居然与古典圆锥曲线的度量有如此紧密的联系，这是多么令人意外呀！我们再总结一次，这两者之间的联系是：无论是哪一种情况，乘法都可以用某种方法转化为加法。

我们应该如何用对数来计算两个数相除？又该如何用对数去求
一个数的平方根呢？

29

用现代的观点来看，纳皮尔的对数可以看成是两个明显不同的代数结构之间的同构。一方面，我们有乘法下所有正实数组成的体系；另一方面，我们有加法下所有实数（包括正数和负数）组成的体系。纳皮尔的对数则为这两个体系提供了一个"词典"。

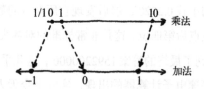

在这种对应关系下，正数 w 会转化为它的对数 $L(w)$，比如 10^6 这个数就会转化为以 10 为底数的对数，也就是 6。而作为乘法单位元的数 1（即对所有的数 w 都有 $1 \times w = w$），则与作为加法单位元的数 0（即 $0 + w = w$）相对应。类似地，除法（也就是乘法的逆运算）则与减法（加法的逆运算）相对应。关键的一点是，是对数让我们看出了这两个体系的结构是相同的。更准确地说，对于任意的正数 a 和 b，我们都有下式成立：

$$L(ab) = L(a) + L(b).$$

因此，对数有着与双曲线面积相同的性质，它将相乘转化为相加。当然，这也正是纳皮尔这一重大发现最重要的一点：加法更快，乘法则比较慢。不过现在我们知道了，这两者实际上是等价的。

当然，前提是真的有对数这样的事物存在。用 10 的分数次幂近似地表示所有的数是一回事；而要证明我们完全可以这样做，并且还能够保证两者等同（即无限的精确），则完全是另外一回事。π真的是 10 的某个精确的幂？如果是的话，这个幂又会是什么样的数呢？换句话说，我们怎样才能知道π（或者2）真的有对数呢？我想你明白我在说什么吧？

另外一个问题则与数 10 有关，纳皮尔的对数是以这个不是那么有意思的数为底数的（底数这一说法非常贴切）。作为一种为十进制文化群体而设计的计算系统，我们可以说它非常好；但作为数学家，我们似乎应该寻找一个本质上更漂亮、更自然的底数。再一次地，我们遇到了与单位无关的问题。为指数表示法选择底数的问题与选择度量单位的问题完全相同，本质上，我们都是在用一个数有多少个十进制位来度量这个数的大小。所以这一选择可以是随意的，不过对我来说，随意则意味着丑陋。

另一方面，选择另外一个不同的底数会更好吗？如果我们设计一个以 2 为底数的对数，会怎么样呢？这样的话，每个数所对应的指数就是将它表示为 2 的幂时所用到的幂；这样的对数同样可以将乘法转换为加法，所有的一切也都会正常工作。同时，我们也可以制作出以 2 为底数的对数表，而且不会有任何问题。所以底数可以完全与 10 无关。如果我们仅仅是想将乘法转换为加法，那么没有哪个底数会比其他的底数差。（当然 1 除外，因为 1 不能够作为底数。顺便说一句，习惯上，我们用符号 $\log_a x$ 来表示 x 的以 a 为底数的对数。特别地，纳皮尔的对数 $L(x)$ 通常则写作 $\log_{10} x$。举几个例子，我们有 $\log_2 8 = 3$，$\log_5 \frac{1}{25} = -2$。）

表达这些思想最简单的（同时也是最抽象的）方法，就是称任何能够将乘法转换为加法的过程为对数。也就是说，对于所有的正数 x 和 y，任何满足

$$\log(xy) = \log(x) + \log(y)$$

这一性质的（连续）函数都可以称之为对数函数（这里我用了通用的符号 log 来表示所有这样的过程）。因此，纳皮尔的函数 L、以 2 为底数的对数 $\log_2$ 以及双曲线面积函数 A，从抽象的意义上说都是对数函数。

给定任意一个这样的函数 log，我们称其逆过程为 exp（指数函数的缩写）。所以我们有

$$\log(\exp(x)) = \exp(\log(x)) = x$$

成立，因为这正是逆过程的含义。特别地，如果 log 表示的是纳皮尔对数，那么 exp 就是以 10 为底数的幂，即 $\exp(x) = 10^x$。一般来说，指数函数 exp 都有下面这样的性质：

$$\exp(x + y) = \exp(x) \cdot \exp(y).$$

为什么指数函数 exp 必然有这样的性质？
证明对于以任意数为底的对数，我们都有以下两式成立：
$$\log(1) = 0 , \log(1/x) = -\log(x).$$

下面我们来看一个特别聪明、漂亮的想法。根据对数函数的性质，我们可以推导出下式：

$$\log(x^m) = m \log x , \quad \text{其中 } m = 1, 2, 3, \cdots$$

你明白为什么吗？对等式两边同时求幂，我们就得到了等式 $x^m = \exp(m \log x)$。对于任意的正整数 m，这都是有意义的。然而，等式的右边实际上对于任意数值 m 都是有意义的，无论 m 是有理数还是无理数。因此，有了对数，我们就可以给出任意正数 a 的 b 次幂的定义：

$$a^b = \exp(b \log a).$$

从中我们可以看出，a^b 的所有性质都可以直接根据 log 和 exp 的性质得出。

> **根据前面的定义，请证明 $a^{b+c} = a^b \cdot a^c$ ，$(ab)^c = a^c \cdot b^c$ 以及**
> **$(a^b)^c = a^{bc}$ 成立。**

因此，给定任意的对数（或者对数/指数组，我更喜欢这样认为），我们就能够得出相应的 a^b 的定义。幸运的是，正如我们将要看到的那样，结果表明 a^b 的取值与我们所选择的对数无关。

这里，我们需要注意的是循环推理的问题。回想一下，关于纳皮尔对数，我们的问题是，我们并不太清楚 10^x 应该是什么意思（至少当 x 是无理数时）。既然现在我们已经成功地对 a^b 进行了定义，看起来对数的问题好像解决了。不过这里的问题是，我们所给出的 a^b 的定义是建立在对数已经有了明确的定义这一基础之上的。因此，我们不能够转身再用 a^b 的定义去定义对数。从表面上看，情况好像很糟糕：我们需要先有指数的定义，然后才能利用指数去定义对数；反之亦然。

不过别急，不要忘了双曲线面积的函数也是对数函数！而且幸运的是，它并不需要以指数函数的概念为基础，它只是倒数函数曲线与坐标横轴所夹区域的面积。这说明，我们可以将整个指数函数与对数函数的概念建立在积分的基础上。

因此，我们的思路是这样的：我们将正数 x 的**自然对数**一劳永逸地定义为面积 $A(x)$，也就是 1 到 x 这个区间内倒数函数曲线与坐标横轴所夹区域的面积。由于数学家用的总是这个特定的对数（很快我们将会看到为什么），因此我们将这个对数简单地写为 $\log x$。（实际上，对于不同的人，约定的写法是存在一些差异的。一些人，包括科学家、工程师和计算器制造商，喜欢用这个符号表示纳皮尔的以 10 为底数的对数。另外一些人，主要是计算机科学家，则喜欢用它来表示以 2 为底数的对数；同时他们给自然对数取了一个倒胃口的名字，即 ln 。）

既然已经给出了自然对数的明确定义，我们同样可以将**自然指数**定义为相应的指数函数，并简单地用 exp 来表示它。因此，exp(3) 表示的是满足 $A(w) = 3$ 的数 w。这样一来，我们就可以将 a^b 定义为 exp($b\log a$)，而且这里不会有任何循环推理。有了这样的定义，2^π 就可以看成是这样一个数，1 到这个数这一区间内的双曲线面积等于 1 到 2 这一区间内双曲线面积的 π 倍。

虽然这些想法刚开始看起来可能有些奇怪，不过关键的是，这样我们就有了求幂运算（指数函数）的准确定义，而且这一定义满足所有我们想要的性质。

特别地，既然我们已经明确地知道了 a^b 表示什么意思，那么给出以 a 为底数的数 x 的对数的定义也就不难了，即

$$\log_a x = \frac{\log x}{\log a}.$$

你能够推导出这个优美的对数公式吗？

作为一种特殊的例子，我们可以看到一个数的纳皮尔对数就等于这个数的自然对数除以一个特定的常数，也就是 $\log 10 \approx 2.3$ 。因此，纳皮尔对数（实际上是任何对数）只是自然对数的常数倍。换句话说，所有的对数函数彼此之间都是成比例的。这就是为什么我们只需要有一种对数，因为所有的对数本质上都是一样的。

虽然本质上是一样的，不过它们还是有所不同，比如自然对数就要比其他的对数更好，其原因是，自然对数的积分最简单。事实上，根据

前面自然对数的定义，我们有

$$d\left(\log x\right) = \frac{dx}{x}.$$

这就说明，任何一个对数，由于本身就是 $\log x$ 的常数倍，所以它的微分也必然是 dx/x 的某个常数倍。比如说，纳皮尔对数的微分

$$d\left(\log_{10} x\right) = \frac{1}{\log 10} \frac{dx}{x}.$$

但有谁会希望到处都出现 $1/\log 10$ 这样难看的常数呢？既然所有的对数本质上都是等价的，那么我们为什么不选择一个其微分要好看一些的对数呢？

另一种思考方法则是看一看不同对数函数的图像，如下图所示三种不同底数的对数函数：

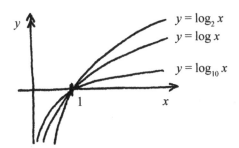

由于相互之间成比例，所以这些曲线的性质基本上相同（特别是，对数函数的曲线以增长极其缓慢而著名）。不过需要注意的是，这些曲线在 $x=1$ 这点处的切线差别特别大，有接近水平方向的，也有近乎垂直方向的。自然对数在这一点的斜率则刚好处于这两个极端之间，与坐标横轴和坐标纵轴都成 45 度角。

所以在所有对数中，自然对数最简单。由此，它也成为数学家经

常使用的唯一对数。而且它的名字也可以说是名副其实，因为它在我们试着度量圆锥曲线时自然地出现了，与其他我们主观选定的底数不同。不过，这样也产生了一个很有意思的问题，那就是自然对数的底数是多少呢？

由于自然对数的底数就等于其自然对数等于 1 的那个数，因此，我们的问题是：从 1 到哪个数的区间内，倒数函数的曲线与坐标横轴所夹区域的面积刚好等于 1 单位的面积。

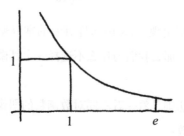

这个值，我们通常用字母 e（取自 exponential）来表示，是所有底数中最具美感的一个。那么这个数的值是多少呢？原来 $e \approx 2.71828$，我想，即使告诉你它是一个超越数，你也应该不会太吃惊。（事实上，在所有自然产生的数学常量中，e 是第一个被证明为超越数的，该证明由埃尔米特于 1873 年给出。）

这说明，与前面处理三角函数和 π 时一样，这里我们同样需要扩展我们所使用的语言，使它包括 log、exp 和 e。每次我们遇到一个特别有意思的数，结果都发现我们无法用现有的语言来表达它，难道这不是很有趣吗？或许，像 e 和 π 这样的数实在是太漂亮了，以至于分数或者代数方程这样平凡的事物遇到它们根本起不了作用。比方说，假设 e 是有理数，什么样的分子和分母才能够算是足够准确呢？总之，我们别无选择，只能够给它们取一个名字，然后将它们纳入我们的词汇。（特别地，一般都将 log 和 exp 归为初等函数。）

下面，我们回过头来想一想，看看到底发生了什么。最开始我们遇到的问题是：dx/x 的积分是什么？那么我们解决这个问题了吗？从某种意义上说，我们作弊了，因为我们只是将它命名为 $\log x$。（类似地，前面我们也只是将圆周和直径的比命名为 π，然后就走开了。）这算什么样的"解答"呢？难道数学家的职责就是提供一些名称和缩写吗？

不，其实并不是这样。词语与符号是无关的，重要的是模式以及我们对模式的想法。[正如高斯的那句名言所说的，我们需要的是概念（notions），而不是符号（notations）。]也许从用代数的方式来表示 dx/x 的积分这个意义上说，我们并没有解决这个问题（现在我们知道了这是不可能的）；不过我们发现，无论这个积分是什么（称它为 $\log x$ 也未尝不可），它都具有 $\log(ab)=\log(a)+\log(b)$ 这一令人惊讶、优美的性质。如果名称和缩写能够帮助我们理解模式，那么这样做就是值得的。不然的话，它们就会妨碍我们的理解。因此，只有在有必要时，在这样做能够帮助我们更清晰地揭示和彰显那些苦苦困扰我们想象力的模式时，我们才应该给某些事物命名。

说到这里，我还想向你们展示另外一个模式。前面我们看到了自然对数怎样因为有最简单的微分而区别于其他的对数，那么自然指数函数是不是也应该有类似的性质呢？指数函数 a^x 的微分又是多少呢？

下面，我们先来看自然指数函数 $\exp(x)$（当然，如果愿意，你也可以将它写成 e^x）。接下来，最简单的方法就是给这个表达式取一个名字，比如说 y。这样一来，我们有 $y=\exp(x)$。对等式两边进行微分，我们得到 $dx=dy/y$，这说明 $dy=y\,dx$。换句话说，即

$$d\exp(x)=\exp(x)dx.$$

或者，如果你喜欢，你也可以将这个等式表示为

$$d(e^x) = e^x dx.$$

多么美妙的发现啊！自然指数函数的导数原来就是它本身。从几何上看，这说明 $y = e^x$ 的图像在任意一点的斜率总是会等于它在这一点的高度。

> **请证明，一般来说，对任意底数 a，我们总有 $d(a^x) = a^x \log a \, dx$ 成立。**

因此，自然指数函数是唯一的其导数等于本身的指数函数，这与其他的指数函数不同，它们的导数都等于本身乘以一个比较难看的常数。

> **与其他的指数函数相比，自然指数函数 $y = e^x$ 的图像在 $x = 0$ 这一点处的切线有什么特别之处吗？**

最后，让我们对微分运算收一下尾，现在我们可以将 $d(x^m)$ 的公式扩展到任意指数 m，即

$$\begin{aligned}
d(x^m) &= d\big(\exp(m \log x)\big) \\
&= \exp(m \log x) \, d(m \log x) \\
&= x^m \cdot m \frac{dx}{x} \\
&= m x^{m-1} dx.
\end{aligned}$$

特别地，这说明 m 取任何值时，我们都有

$$\int x^m dx = \frac{x^{m+1}}{m+1},$$

当然除了 $m = -1$ 时，因为此时等式的右边没有意义。在后一种情况下，尽管可能看起来很奇怪，因为此时这一规律不再成立，但我们却从中得到了自然对数。

证明对任意两个变量 x 和 y，我们都有
$d(x^y) = yx^{y-1}dx + x^y \log x dy$ 成立。

证明当 n 趋向于无穷大时，$(1+1/n)^n$ 趋向于 e。

你能够求出 $\int \log x dx$ 吗？

$\mathscr{30}$

数学现实真是一个让人狂热、令人惊奇的地方，其中充满了无穷的神秘和美丽。我想告诉你的远远不止这些，因为这里有太多太多使人愉悦、出人意料（同时也有些可怕）的发现等待着我们去探索。虽然如此，我还是觉得是时候应该放下手中的笔了。（也许你早就有这种感觉了吧！）

不过，这并不是说我们已经对数学有了多少了解，可以登堂入室了。数学就像是一个广袤的、不断生长的丛林，而我们一直在讨论的度量充其量只不过是其中诸多河流中的一条（虽然可以说是其中主要的河流）。然而，我的目标并不是要面面俱到地介绍数学的全部内容，而只是想挂一漏万地举例说明（同时我也希望这些例子都很有趣）。我想我真正想做的，是让你感受一下数学家都在做什么，以及他们为什么要这样做。

我特别想向你传递这样的观念，即数学是一种典型的人类智力活动。无论我们的大脑是多么奇特的生物化学进化的结果，有一点可以肯定，那就是我们热爱模式。而数学则是语言、模式、好奇和快乐交汇的地方，我一直都在享受它所带给我的免费的娱乐。

在结束本书前，我感觉还有一个小的问题，我需要交代几句，那就是现实世界。为什么在这本书中我们几乎就没有讨论现实世界呢？几何学与数学分析在物理、工程和建筑领域美妙的应用是怎么回事呢？还有天体的运动又是怎样的呢？当我对自己身在其中的物理现实抱着这样一

种不屑一顾的态度，我又怎么能够声称自己写了一本关于度量的书呢？

关于这些问题，我想说的是，首先，我只是我自己，我写的内容肯定都是我自己感兴趣的，也就是数学现实的本质。我想，作为个人，我能做的也只有这些。其次，目前关于物理现实的书似乎并不缺少，不仅不缺少，反而到处都是，而且其中有不少还相当不错。坦率地说，我之所以觉得需要写一本关于数学的书，是因为这样的书并不是很多，特别是那些坦诚的、个人化的书，那些字里行间充满了作者思考的真正的书。此外，我之所以不愿意讨论数学在科学方面的应用（无论怎么看这些应用都可以说是显而易见的），是因为我一直都认为数学真正的价值并不在于它的功用，而在于它能带给我们快乐。

然而，这并不等于说物理的现实世界了无生趣。请不要误解我，我很高兴自己能够生在这个世界上，这里有鸟，有树，有爱情，还有巧克力。对于物理现实，我没有什么要抱怨的，只是抽象的模式在智力和审美方面更能够吸引我。也许最根本的原因还在于，对于物理现实，我并没有太多想说的。之所以会这样，可能部分是由于我全身心地待在物理现实的时间并不长。或许，这本书最主要的目的，是想让你看一看过一种数学生活会是什么样子，也就是一个人将大部分的精力都用在思考想象的数学现实上。无论如何，我知道我的禀性就与物理现实相隔离，这是因为我的头脑是与物理现实隔离的，它所做的仅仅是接收（很有可能是虚幻的）感官的输入而已，但我知道数学现实一直在陪伴着我。

因此，我写了这本书。我们一直在讨论的数学现实，虽然可能给你的感觉是它就在某个我们并不确切知道的"那儿"，不过我并不希望你在进入这个世界时胆怯，好像它位于某个保密的政府部门中，其中工作的都是身穿实验室大褂的专家。数学现实并不是"他们的"，而是你们的。无论你是否喜欢，在你的头脑中都有一个这样的虚拟世界。你可以对它视而不见，也可以问有关它的问题，但不可否认的是，它是你非常重要的一部分。数学之所以如此引人注目，其中一个原因就是，我们正在探索的是关于我们自身以及我们的心智的行为方式的问题。

让我们持续不断地探索吧！你是否有经验，这并不重要；无论你是一个高手还是一个新手，探索的感觉都是一样的。你正在丛林中跋涉，沿着一条条的河在走；这一旅程并没有尽头，你唯一的目标就是尽情地探索并享受其中的乐趣。希望你喜欢！

致　谢

首先，我想对本书的编辑迈克尔·费希尔先生表示诚挚的感谢！正是他对作者的无限耐心以及对本书不断的支持与长久的热情，才有了这本书的产生。

如果本书在悦目及易读方面有一些可取之处，则全部要归功于蒂姆·琼斯先生、彼得·霍尔姆先生与凯特·米勒女士的非凡才能和专业知识。经由他们处理本书的设计、排版与编辑工作，我感到非常荣幸。

同时，我也要感谢劳伦·埃斯代尔、唐娜·布维尔、大卫·福斯以及他们所在的哈佛大学出版社团队的其他成员，感谢他们所做的重要幕后工作。

我还要感谢我所有的学生、同事、朋友和家人，他们贡献了很多精彩的习题，也提出了很好的建议和有益的批评。

最后，我想特别感谢我多年的挚友基思·戈德法布先生，他对本书提出了宝贵的建议，并给予了我热情的鼓励。早在我们还是十六岁的时候，他就建议我应该在某一天坐下来，好好地写一本真正地揭示数学本质的数学书。我希望这本书值得他这么长时间的等待。

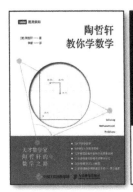

更
多
推
荐

黑白，2017-11，39.00 元　　黑白，2017-11，99.00 元　　黑白，2017-11，39.00 元

黑白，2017-10，49.00 元　　全彩，2017-08，49.00 元　　黑白，2017-07，42.00 元

黑白，2017-05，39.00 元　　黑白，2017-05，49.00 元　　黑白，2017-04，46.00 元